"十三五"职业教育国家规划教材

AutoCAD实例教程

附微课视频

（第三版）

● 主　编　刘　哲

副主编　谢伟东　高　健　郁　雨

王伟奇　赵　水　蒋　忠

U0245153

大连理工大学出版社

图书在版编目(CIP)数据

AutoCAD 实例教程 / 刘哲主编. -- 3 版. -- 大连：
大连理工大学出版社，2019.8(2024.6 重印)
新世纪高职高专机电类课程规划教材
ISBN 978-7-5685-2068-3

Ⅰ. ①A… Ⅱ. ①刘… Ⅲ. ①AutoCAD 软件－高等职业
教育－教材 Ⅳ. ①TP391.72

中国版本图书馆 CIP 数据核字(2019)第 114319 号

大连理工大学出版社出版

地址：大连市软件园路 80 号　邮政编码：116023
发行：0411-84708842　邮购：0411-84708943　传真：0411-84701466
E-mail：dutp@dutp.cn　　　URL：https://www.dutp.cn
大连永盛印业有限公司印刷　　　大连理工大学出版社发行

幅面尺寸：185mm×260mm　　　印张：18　　　字数：458 千字
2009 年 8 月第 1 版　　　　　　　　　　2019 年 8 月第 3 版
2024 年 6 月第 13 次印刷

责任编辑：吴媛媛　　　　　　　　　　责任校对：陈星源
封面设计：张　莹

ISBN 978-7-5685-2068-3　　　　　　定　价：50.80 元

本书如有印装质量问题，请与我社发行部联系更换。

前　　言

　　《AutoCAD实例教程》(第三版)是"十三五"职业教育国家规划教材、"十二五"职业教育国家规划教材,也是新世纪高职高专机电类课程规划教材之一。

　　本教材此次修订保留了上一版教材的优点,并按照教学单位及读者的意见加以相应的改进,力求体现创新性、实用性。

　　1.教材融入思政元素,体现"三全育人"理念

　　本教材积极贯彻落实党的二十大精神,落实立德树人根本任务,补充思政素材,实现知识传授、技能培养和价值塑造的有效融合,实现全员、全过程、全方位育人。

　　2.实例教学,符合高职学生的特点,适应高职教学改革的需要

　　本教材虽然以章节为目录,但却是一本真正意义上的以实例为主的教材。教材中每个章节都精心筛选具有代表性的实例,深入浅出地讲解这些实例的绘制过程,不注重解释每个命令,而是在完成一个实例的过程中学习相应命令,掌握基本绘图方法,将枯燥的命令变成现实的任务,方便教学,易于学生掌握,有利地配合了课程教学改革的顺利进行。同时,坚持实例、技巧及经验并重,对读者容易犯的错误进行重点讲解。加强实践性教学环节,融入充分的实训内容,达到举一反三的效果。

　　3.与时俱进,实现高职教材的动态化

　　本教材内容全面、新颖,紧跟软件更新步伐,以目前比较通用的版本为基础,涉及广泛的AutoCAD功能。采用新标准、新技术、新规范、新理念等,与工程图学结合紧密,具有很强的实用性。

　　4.加大吸引力,注重教材表现形式

　　就文字而言,力求通俗易懂,新颖活泼;就版面编排而言,力求图文搭配,版式灵活;就图形设计而言,力求简洁、美观,符合国家制图标准的规定。

5. 体例科学合理,能够达到课程的培养目标

教材结构框架合理,能够满足课程大纲的要求。教材篇幅适合课程学时安排。理论描述注重基础知识的讲解,易于学生接受。教材习题数量适当,难度适中。

6. 实例应用性强,为后续课程的学习及就业奠定良好基础

根据课程标准,以企业的典型产品、项目、任务为载体进行编写,汇编来自教学、科研和行业、企业的最新典型案例,促进学生职业素质的培养。

7. 辅助教学资源可满足教学要求

注重辅助教学资源的开发,力求为教学工作构建更加完善的辅助平台。教材配套的教案、课件、微课等与教材相辅相成,形式通俗易懂。

本教材可作为高职院校、相关领域培训班和 AutoCAD 爱好者的教材,也可作为工程技术人员的参考书。

本教材由惠州工程职业学院刘哲任主编,齐齐哈尔工程学院谢伟东、青岛职业技术学院高健、青岛城市学院郇雨、湖北三峡职业技术学院王伟奇、青岛职业技术学院赵水、中国第一重型机械股份公司铸锻钢事业部模型厂蒋忠任副主编。具体编写分工如下:第 1 章、第 8 章由谢伟东编写;第 2 章由王伟奇编写;第 3 章、第 4 章的 4.1 及第 6 章由刘哲编写;第 4 章的 4.2 由蒋忠编写;第 5 章、附录 1 由高健编写;第 7 章由郇雨编写;第 4 章的 4.3、附录 2~8 由赵水编写。刘哲负责全书的统稿和定稿。

在编写本教材的过程中,我们参考、引用和改编了国内外出版物中的相关资料以及网络资源,在此对这些资料的作者表示深深的谢意! 请相关著作权人看到本教材后与出版社联系,出版社将按照相关法律的规定支付稿酬。

尽管我们在高职高专教材特色的建设方面做了许多努力,但由于能力和水平有限,加之高职高专院校各专业对该课程教学内容的要求存有差异,教材中仍可能存在不当之处,恳请各相关院校同仁和读者朋友在使用本教材时给予关注,并将意见及时反馈给我们,以便下次修订时完善。

编　者

所有意见和建议请发往:dutpgz@163.com

欢迎访问职教数字化服务平台:https://www.dutp.cn/sve/

联系电话:0411-84707424　84708979

目 录

本书配套微课资源使用说明

本书配套的微课资源以二维码形式呈现在书中，用移动设备扫描书中的二维码，即可观看微课视频进行相应知识点的学习。

具体微课名称和扫描位置见下表：

序号	微课名称	扫描位置
1	图形对象的选择	19 页
2	辅助功能	21 页
3	分解、偏移、修剪命令的应用	42 页
4	图层的应用	61 页
5	绘制平面图形	91 页
6	绘制三视图	95 页
7	绘制扳手零件图	112 页
8	绘制定位销轴零件图	124 页
9	绘制夹线体装配图	167 页
10	创建与编辑实体综合实例	228 页

本 书 约 定

为了方便读者学习,本书采用了一些符号和不同的字体表示不同的含义。在学习本书时应注意以下规则:

1. 符号"✓"表示按回车键,简称回车。

2. 菜单命令采用[ ][ ]形式,如[绘图][矩形]指单击下拉菜单"绘图",在弹出的菜单中选择"矩形"命令。

3. 在实例的绘图步骤中,楷体描述的部分表示系统提示信息,随后紧跟着的加粗黑体描述的部分为用户动作,与之有一定间隔的"∥"之后的楷体描述的部分为注释。如:

命令:**LINE** ✓

指定第一个点:**80,160** ✓   ∥选择直线的起点 A

其中"命令:""指定第一个点:"为系统提示信息,"**LINE** ✓""**80,160** ✓"为用户动作,"选择直线的起点 A"为注释。

4. 用键盘输入命令和参数时,大小写功能相同。

5. 功能键由 ☐ 标识。如 Esc 指键盘上的"Esc"键。

第 *1* 章
AutoCAD 2014 简介

本章要点：

AutoCAD 是 AutoDesk 公司发行的一款计算机辅助设计软件，可用于机械、土木建筑、装饰装潢、工业制图、服装加工等领域。AutoCAD 2014 简体中文版是目前应用较广泛的版本。为了保持软件的兼容性，AutoDesk 公司在设计时不仅保留了以前版本的诸多优点，如操作方便、绘图快捷等，同时在易用性和提高工作效率方面增加了许多新的功能和特性。

本章主要介绍 AutoCAD 2014 的基本常识，以方便后面的学习。

思政导读：

中华人民共和国成立后，工程图学得到前所未有的发展。1959 年国家科学技术委员会颁布了第一套《机械制图》国家标准，随后又颁布了《建筑制图》国家标准，使全国工程图样标准得到了统一，标志着我国工程图学进入了一个崭新的阶段。随着标准的推行及不断完善，我国科学技术和工业水平得到了飞速发展和提高。在对工程图样的学习中，要严格执行国家相关标准，培养严肃认真的工作态度和严谨细致的工作作风。

1.1 总体介绍

一、用户界面

1. 启动

在默认的情况下，成功地安装 AutoCAD 2014 简体中文版以后，在桌面上产生一个 AutoCAD 2014 简体中文版快捷图标，如图 1-1 所示。并且在程序组里边也产生一个 AutoCAD 2014 简体中文版的程序组。与其他基于 Windows 系统的应用程序一样，我们可以通过双击 AutoCAD 2014 简体中文版快捷图标或从程序组中选择 AutoCAD 2014 简体中文版来启动 AutoCAD 2014 简体中文版。

图 1-1 快捷图标

2. 界面介绍

启动 AutoCAD 2014 简体中文版以后，它的操作界面如图 1-2 所示。

AutoCAD 2014 为用户提供了四个空间界面可供选用，其中常用的有：图 1-2 所示的"草图与注释"界面，这是 AutoCAD 2014 第一次安装后的启动界面；图 1-3 所示的"三维建模"界

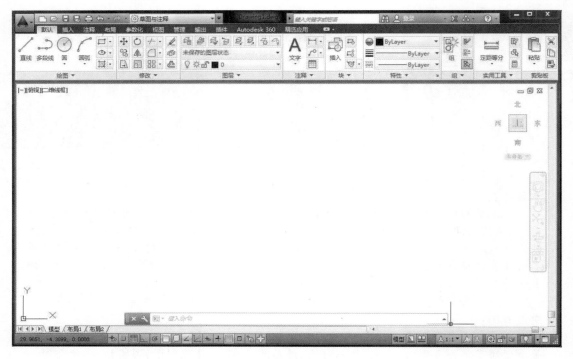

图 1-2 "草图与注释"界面(启动界面)

面,是用于进行三维建模的界面;图 1-4 所示的"AutoCAD 经典"界面,是用户最熟悉的工作界面,本书将以此界面为重点进行介绍。

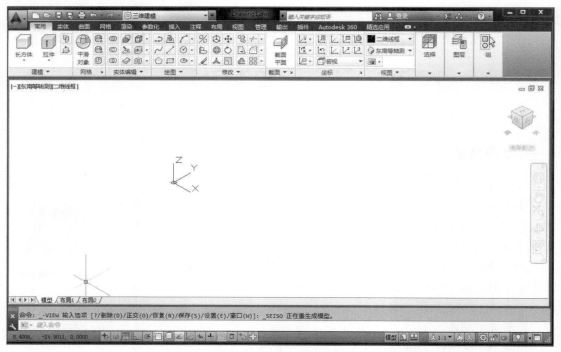

图 1-3 "三维建模"界面

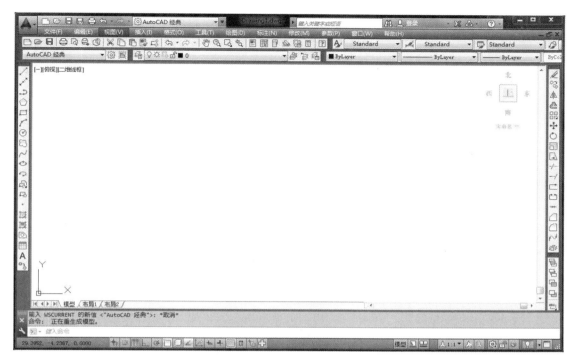

图 1-4　"AutoCAD 经典"界面

提示、注意、技巧

● "AutoCAD 经典"界面与以前的传统界面一致,在这个界面中,可以直接通过 "模型"选项卡进入模型空间进行二维绘图和三维建模工作;可以通过"布局"选项卡进入图纸空间进行打印等工作。

● 可以通过单击 ⚙,选取工作空间。

(1)菜单浏览器

图 1-5 所示为菜单浏览器,位于 AutoCAD 2014 工作界面的左上角,显示为一个按钮,它主要的作用是:

图 1-5　菜单浏览器

①显示菜单项的列表,仿效传统的垂直显示菜单,它直接覆盖 Auto-CAD 窗口,可展开和折叠,图 1-6 所示为菜单浏览器的展开菜单。

②查看或访问最近使用的文档、最近执行的动作和打开的文档。

③用户可通过单击展开菜单上方搜索工具,输入条件进行搜索,并可双击搜索后列出的项目,以直接访问关联的命令。

④展开菜单的左下角有"选项"按钮,单击可打开"选项"对话框。

(2)下拉菜单

在"AutoCAD 经典"界面中有 12 个菜单项目,其下拉菜单中的命令选项有三种形式:

①普通菜单:单击该菜单中的某一命令选项将直接执行相应的命令。

②子菜单:命令选项的后面有向右的箭头符号,鼠标放在此命令选项上时将弹出下一级菜单。

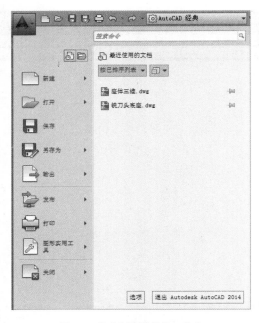

图 1-6　菜单浏览器的展开菜单

③对话框：命令选项的后面有省略号，单击该命令选项将弹出对话框。

（3）工具栏

用户除了利用菜单执行命令以外，还可以使用工具栏来执行命令。"AutoCAD 经典"界面预先设置了"标准"工具栏、"特性"工具栏、"图层"工具栏、"绘图"工具栏、"修改"工具栏、"样式"工具栏和"工作空间"工具栏等。

（4）快速访问工具栏

快速访问工具栏显示在 AutoCAD 窗口的顶端，在菜单浏览器右边。它包括最常使用的工具，如新建、打开、保存、另存为、打印、撤销以及恢复，如图 1-7 所示。

（5）信息中心

信息中心提供了灵活的帮助搜索。用户使用搜索框，以节省标题栏的空间，如图 1-8 所示。

图 1-7　快速访问工具栏

图 1-8　信息中心

提示、注意、技巧

"草图与注释"界面与"三维建模"界面的不同之处在于，界面中所显示的工具集为二维绘图及编辑所用的工具集。

（6）状态栏工具

位于最下方，AutoCAD 2014 状态栏更新了新的工具和图标，左侧的状态栏包含一些相近功能的切换按钮，如对象捕捉、栅格以及动态输入，利用右键快捷菜单可以在图标和传统文字标签之间切换状态栏显示状态。右侧状态栏为模型和图纸空间等，同时增加了一些新工具。如图 1-9、图 1-10 所示。

图 1-9　状态栏(左侧)

图 1-10　状态栏(右侧)

（7）绘图区和命令窗口

绘图区位于界面的中部，是绘图的工作区。光标在绘图区显示为十字形。在绘图区左下角显示坐标系图标。坐标原点(0,0)位于图纸左下角。X 轴为水平轴，向右为正向；Y 轴为垂直轴，向上为正向；Z 轴方向垂直于 XY 平面，指向绘图者为正向。命令窗口在绘图区下方。

提示、注意、技巧

将鼠标放在工具栏上的某一个按钮上面时，将显示该按钮的名称及相应信息提示。

AutoCAD 2014 的工具栏采用浮动方式，因此，其位置可根据实际情况在屏幕上自由放置。移动方法与 Windows 操作相同。另外，AutoCAD 2014 的其他工具栏可以通过在工具栏上单击鼠标右键，从弹出的快捷菜单中选取的办法调用。

二、菜单及对话框简介

AutoCAD 2014 提供了多种输入方法，如菜单、工具栏、右键快捷菜单等。绘图时常常同时使用键盘和鼠标来进行输入。键盘通常用来输入命令和参数，工具栏中的命令通常用鼠标左键单击来操作。

（1）下拉菜单

"AutoCAD 经典"界面中用鼠标选择菜单栏中的某一个菜单，单击左键即可。

（2）光标菜单

在绘图、编辑或不做任何工作的情况下，在绘图区单击鼠标右键，弹出与所使用命令有关的光标菜单，如图 1-11 所示。

2. 对话框

在 AutoCAD 2014 中，很多命令执行以后，都会弹出一个对话框，而对话框的操作与其他的 Windows 应用程序非常相似，故在此不再阐述。

图 1-11　光标菜单

1.2　管理图形文件

用户绘制的图形最终都是以文件的形式保存,这一节将对图形文件的操作做简单介绍。

一、新建图形

默认的情况下启动 AutoCAD 2014,即可进入绘制新图形的界面,如果已经启动,可以通过 AutoCAD 2014 的"文件"菜单或命令来执行创建新图形。

1."选择样板"对话框

如图 1-12 所示,在"打开"按钮的下拉列表中,提供了三种方法来完成新建图形。

在"选择样板"对话框的"名称"列表中,选用不同的项目,可直接进入不同的设置界面,样板图中的一系列的设置,将对新文件起作用。

图 1-12　从"选择样板"开始

2.新建图形方法

在"AutoCAD 经典"界面中新建图形可用以下方法中的任何一种方法。

标准工具栏:□
下拉菜单:[文件][新建]
命令窗口:NEW(N)或 QNEW↙
[文件][新建图纸集],此命令是一个向导式的命令

提示、注意、技巧

在 AutoCAD 2014 中系统变量 startup＝0（默认值），直接进入绘图界面。要改变这种情况，在命令窗口中输入 startup，并将其值改为 1，即可采用传统的由草图、使用样板、使用向导方式建立新文件。

二、打开已有图形

1. 系统变量 startup 的设置

如果系统变量 startup＝1，则启动 AutoCAD 2014 时，系统将显示"启动"对话框。在此对话框中，单击"打开图形"按钮，系统会呈现如图 1-13 所示的对话框，在此对话框中选择一要打开的文件即可；或单击对话框中的"浏览"按钮，在弹出的"选择文件"对话框中选择已有图形文件。

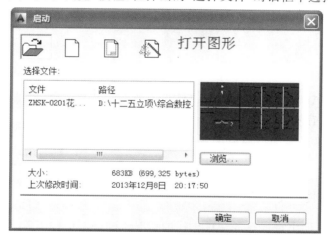

图 1-13　打开图形

2. 打开文件的方法

打开文件可用以下方法中的任何一种方法：

标准工具栏：🗁
下拉菜单：［文件］［打开］
命令窗口：OPEN ↙

三、保存文件

对图形进行绘制或修改后，应及时对图形文件进行保存。

1. 调用"保存"命令

用户可以使用以下方法中的任何一种方法调用"保存"命令：

标准工具栏：💾
下拉菜单：［文件］［保存］
命令窗口：QSAVE ↙

2. 调用"另存为"命令

用户可以使用以下方法中的任何一种方法调用"另存为"命令：

> 下拉菜单：[文件][另存为]
> 命令窗口：SAVE 或 SAVEAS↙

执行"另存为"命令后将弹出"另存为"对话框。

提示、注意、技巧

> SAVE 与 SAVEAS 是有区别的。SAVE 执行以后，原来的文件仍为当前文件，而 SAVEAS 执行以后，另存的文件变为当前文件。另外，系统保存的文件扩展名为.dwg。

四、退出 AutoCAD

用户可通过以下几种方法来退出 AutoCAD：

> AutoCAD 主窗口：右上角的"关闭"按钮 ⊠
> 下拉菜单：[文件][退出]
> 命令窗口：QUIT(或别名 EXIT)↙

如果退出 AutoCAD 时，当前的图形文件没有被保存，则系统将弹出"保存提示"对话框，提示用户在退出 AutoCAD 前保存或放弃对图形所做的修改，如图 1-14 所示。

图 1-14　"保存提示"对话框

五、检查、修复文件

因为某些原因，可能出现保存的文件出错的情况，这时候，可以用以下的方法来加以解决：
(1)将备份的文件调入(扩展名为.bak，与保存的文件在同一个文件夹中)。
(2)使用 AutoCAD 2014 提供的"检查、修复文件"命令：AUDIT 与 RECOVER。
用户可以使用以下方法中的任何一种方法调用"检查、修复文件"命令：

> 下拉菜单：[文件][绘图实用程序][检查或修复]
> 命令窗口：AUDIT↙或 RECOVER↙

六、AutoCAD 的多文件操作

AutoCAD 2014 提供多文件工作环境，可以同时打开多个图形文件进行编辑，如图 1-15 所示(图中第三行为打开的图形文件)。

图 1-15　多文件绘图窗口

多个图形文件被打开后，用鼠标单击某一图形文件选项卡，就可以使该文件窗口成为当前窗口。也可以通过组合键 Ctrl + F6 在所有打开的图形文件间切换。

利用"窗口"菜单可控制多个图形窗口的显示方式。窗口显示方式有"层叠"、"垂直平铺"和"水平平铺"方式。还可以用"排列图标"来重排这些图形窗口的显示位置。

利用 AutoCAD 多文件工作环境,用户可以在不同图形间复制和粘贴对象或者将对象从一个图形拖放到另一个图形中。同时也可以将一个图形中对象的特性传递给另一个图形中的对象。

1.3 绘图显示控制

用户在绘图的时候,因为受到屏幕大小的限制,以及绘图区域大小的影响,需要频繁地移动绘图区域。在 AutoCAD 2014 中,这个问题借助于图形显示控制功能来解决。

一、视图缩放

我们把按照一定的比例、观察角度与位置显示的图形称为视图。作为专业的绘图软件,AutoCAD 2014 提供 ZOOM——"缩放"命令来完成此项功能。该命令可以对视图进行放大或缩小,而对图形的实际尺寸不产生任何影响。放大时,就像手里拿着放大镜,缩小时,就像站在高处俯视,这对设计人员很有用。

可以使用以下方法中的任何一种方法来激活视图缩放功能:

下拉菜单:[视图][缩放],如图 1-16 所示
命令窗口:ZOOM↙或 Z↙
快捷菜单:单击鼠标右键,弹出"缩放"快捷菜单,如图 1-17 所示
"标准"工具栏:单击"窗口缩放"按钮右下角下拉按钮,展开相应的"缩放"工具,如图 1-18 所示

图 1-16 "缩放"子菜单

图 1-17 "缩放"快捷菜单

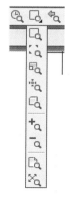

图 1-18 "缩放"工具

二、平移

"平移"命令用于移动视图,而不对视图进行缩放。我们可以使用以下方法中的任何一种来激活此项功能:

> 标准工具栏: 🖐
>
> 下拉菜单:[视图][平移],如图 1-19 所示
>
> 命令窗口:PAN↙
>
> 快捷菜单:绘图时,单击鼠标右键,将出现如图 1-20 所示的"平移"快捷菜单

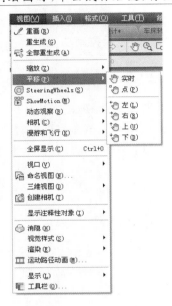

图 1-19 "平移"子菜单　　　　　　图 1-20 "平移"快捷菜单

平移分为两种:实时平移与定点平移。

(1)实时平移——光标变成手形,此时按住鼠标左键移动,即可实现实时平移。

(2)定点平移——用户输入两个点,视图按照两点直线方向移动。

提示、注意、技巧

　　视图缩放与平移可通过操作鼠标滚轮来实现。转动滚轮,可实时缩放;按住滚轮并拖动鼠标,可实时平移;双击滚轮,可实现显示全部。

三、重画与重生成

重画与重生成都是重新显示图形,但两者的本质不同。重画仅仅是重新显示图形,而重生成不但重新显示图形,而且将重新生成图形数据,速度上较前者稍微慢点。我们可以使用以下方法来激活此功能:

1.重画

> 下拉菜单:[视图][重画]
> 命令窗口:REDRAW ↙

2.重生成

> 下拉菜单:[视图][重生成]
> 命令窗口:REGEN ↙

1.4　设置绘图环境

通常情况下用户安装了 AutoCAD 2014 后就可以在默认状态下绘制图形。但由于不同计算机所用外部设备不同,或为提高绘图效率等特殊要求,有时需要对绘图环境及系统参数做必要的设置和调整。

用户可以利用"选项"对话框,非常方便地设置系统参数选项。输入 OPTIONS 命令或选择[工具][选项]选项,打开"选项"对话框,如图 1-21 所示。

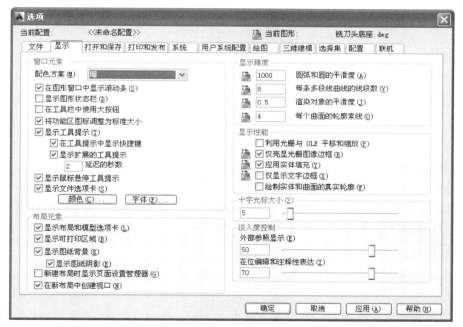

图 1-21　"选项"对话框

该对话框包括"文件"、"显示"、"打开和保存"、"打印和发布"、"系统"、"用户系统配置"、"绘图"、"三维建模"、"选择集"、"配置"和"联机"11 个选项卡。

1."显示"选项卡

"显示"选项卡中包括"窗口元素"、"显示精度"、"布局元素"、"显示性能"、"十字光标大小"和"淡入度控制"六个选项组。

(1)"窗口元素"选项组用于设置是否显示绘图区的滚动条、绘图区的背景颜色和命令窗口中的字体样式等。

（2）"显示精度"选项组用于设置实体的显示精度，如圆和圆弧的平滑度、渲染对象的平滑度等，显示精度越高，对象越光滑，但生成图形时所需时间也越长。

（3）"布局元素"选项组用于设置在图纸空间打印图形时的打印格式。

（4）"显示性能"选项组用于设置光栅图像显示方式、多段线的填充及控制三维实体的轮廓曲线是否以线框形式显示等。

（5）"十字光标大小"选项组用于设置绘图区十字光标的大小，默认为 5，当设为 100 时光标充满屏幕。

（6）"淡入度控制"选项组用于指定在位编辑参照的过程中对象的褪色度值。通过在位编辑参照，可以编辑当前图形中的块参照或外部参照。

2. "打开和保存"选项卡

"打开和保存"选项卡用于设置 AutoCAD 图形文件的版本格式、最近打开的文件数目及是否加载外部参照等。用户可在该选项卡的"文件安全措施"选项组中设置自动存盘的时间间隔，以避免由于断电、死机等原因造成绘图数据的丢失；"安全选项"按钮用于设置文件的密码。

3. "用户系统配置"选项卡

用户可以使用"用户系统配置"选项卡优化 AutoCAD 的工作方式。

（1）"Windows 标准操作"选项组：用户可以单击鼠标右键进行定义，单击"自定义右键单击"按钮，在"命令模式"选项组中选择"确认"单选项，以保证在执行命令时通过单击鼠标右键直接结束命令。

（2）"默认比例列表"按钮用于设置各种常用绘图比例，以利于图形输出操作。

4. "绘图"选项卡

在"绘图"选项卡中，用户可以设置对象自动捕捉、自动追踪功能及自动捕捉标记大小和靶框大小。

（1）"自动捕捉设置"选项组：

①标记：用于在绘图时以规定的样式显示各捕捉特征。

②磁吸：捕捉框在捕捉目标点附近，指针会自动产生磁吸现象，快速完成准确捕捉。

（2）"自动捕捉标记大小"：用于定义自动捕捉框的大小。避免在绘制比较小的图形时而使用较大的捕捉框造成的混乱。

（3）"AutoTrack（自动追踪）设置"：用于显示极轴追踪矢量、全屏追踪矢量和自动追踪工具提示。

（4）"靶框大小"：靶框即执行绘图命令后十字光标上的小方框，显示的条件是勾选"显示自动捕捉靶框"复选框，其大小可用游标调节。

5. "三维建模"选项卡

"三维建模"选项卡用于设置三维十字光标、动态输入、三维对象和三维导航等功能。

6. "选择集"选项卡

"选择集"选项卡用于设置选择集模式、是否使用夹点编辑功能、编辑命令的拾取框和夹点大小。

提示、注意、技巧

　　　　只有有经验的用户才可以修改系统的环境参数,否则修改后可能造成 AutoCAD 的某些功能无法正常使用。

习　题

一、选择题

1. 执行缩放命令时,对象的实际尺寸(　　　)。

A. 变　　　　　　　　　　B. 不变

2. 重生成的执行速度比重画(　　　)。

A. 快　　　　　　　　　　B. 慢

二、填空题

1. 视图缩放的命令是_____,平移命令是_____。

2. 重新生成屏幕图形数据的命令是_____。

3. 重画的命令是_____。

三、操作题

1. 打开一图形文件,执行 ZOOM 命令中的比例选项,看看 3、3X、3XP 的区别。

2. 打开一图形文件,把它另存为 test1. dwg。

3. 在 AutoCAD 2014 中调用其他工具栏有哪几种方法?

4. 在 AutoCAD 2014 中将系统参数 startup 设置为 0 或 1,进行启动操作尝试。

第2章
AutoCAD 2014 初步

本章要点：

本章主要介绍 AutoCAD 命令的基本操作方法、绘图辅助功能的使用、编辑图形时选择对象的方式等内容。通过本章学习，学生应掌握命令的输入方式、对象捕捉和对象的选择方法，为准确绘制图形做准备。

思政导读：

我国是世界文明古国之一，在工程图学方面有着悠久历史。在战国时期我国人民就已经应用图纸来指导工程建设，距今已有 2400 多年的历史。如河北平山县中山王陵中出土的兆域图，基本具备制图六体，反映了战国时期高超的绘制技术。我们应自强不息，勇于探索，发展和完善我国高超的制图设计体系。

2.1　AutoCAD 命令

在 AutoCAD 系统中，所有功能都是通过命令执行来实现的。熟练地使用 AutoCAD 命令，有助于提高绘图的效率和精度。AutoCAD 2014 提供了命令窗口、下拉菜单和工具栏等多种命令输入方式，用户可以利用键盘、鼠标等输入设备以不同的方式输入命令。

一、命令的输入方式

1.命令窗口

命令窗口位于 AutoCAD 绘图窗口的底部，用户利用键盘输入的命令、命令选项及相关信息都显示在该窗口中。在命令窗口出现"命令："提示符后，利用键盘输入 AutoCAD 命令，并回车确认，该命令立即被执行。

例如，要输入"直线"命令（LINE），操作如下：

命令：LINE（或 L）↙

AutoCAD 提示：

指定第一个点：

AutoCAD 采取"实时交互"的命令执行方式，在绘图或图形编辑操作过程中，用户应特别注意动态提示或命令窗口中显示的文字，这些信息记录了 AutoCAD 与用户的交流过程。如果要了解更多的信息，可以打开如图 2-1 所示的"AutoCAD 文本窗口"来阅读。

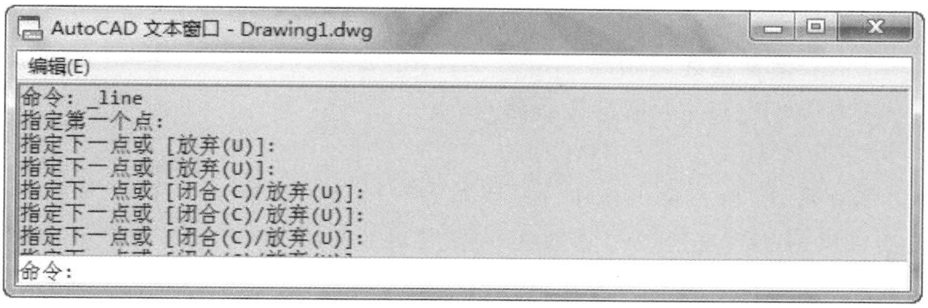

图 2-1　AutoCAD 文本窗口

默认情况下,"AutoCAD 文本窗口"处于关闭状态,用户可以利用 $\boxed{F2}$ 功能键打开或关闭它。

说明: "AutoCAD 文本窗口"中的内容是只读的,因此用户不能对文本窗口中的内容进行修改,但可以将它们复制并粘贴到命令窗口或其他应用程序中(如 Word)。

2. 下拉菜单和工具栏

移动鼠标,当鼠标移至下拉菜单选项或工具栏相应按钮,单击鼠标左键,相应的命令立即被执行。此时在命令窗口会显示相应的命令及命令提示,与键盘输入命令不同之处是此时在命令前有一下划线。

例如,用鼠标选择下拉菜单[绘图][直线]选项或在工具栏单击╱按钮,执行"直线"命令。

说明: 除键盘外,鼠标是最常用的输入设备。在 AutoCAD 中,鼠标键是按照下述规则定义的:

左键:拾取键,用于拾取屏幕上的点、菜单命令选项或工具栏按钮等。

右键:确认键,相当于 $\boxed{Enter}$ 键,在命令执行过程中单击鼠标右键,会弹出与当前操作相对应的快捷菜单,可选择需要的选项。

中键:中键是一个滑动滚轮,默认的情况下,滚动滚轮可放大/缩小图形显示,按下拖动为实时平移图形。

二、透明命令

在 AutoCAD 中,"透明"命令是指在执行其他命令的过程中可以执行的命令,在结束"透明"命令后,又回到刚刚运行的命令。"透明"命令多为修改图形设置、绘图辅助工具等命令,例如"捕捉"(SNAP)、"栅格"(GRID)、"缩放"(ZOOM)等命令。

输入"透明"命令可以是直接单击命令按钮或在命令窗口输入命令动词,在当前没有命令运行时运行"透明"命令可直接输入命令动词,如"Z(ZOOM 的缩写)",则调用放大命令,但当正运行一个非"透明"命令时,就应在命令动词前先输入一个单引号"'",如'Z。在命令行中,"透明"命令的提示符前有一个双折号">>"。"透明"命令执行结束,将继续执行原命令。例如,在绘制直线过程中执行"缩放"命令,可进行如下操作:

绘图工具栏:╱

下拉菜单:[绘图][直线]

命令:LINE ↙

AutoCAD 提示：

指定第一个点：**指定直线起始点**

指定下一点或［放弃（U）］：**指定直线终点**

指定下一点或［放弃（U）］：**'ZOOM↙**　　　　　　　　　　//输入"透明"命令

＞＞指定窗口角点，输入比例因子（nX 或 nXP），或者［全部（A）/中心（C）/动态（D）/范围（E）/上一个（P）/比例（S）/窗口（W）对象（O）］＜实时＞：　　　//窗口方式缩放

＞＞＞＞指定对角点：**输入另一角点**

正在恢复执行 LINE 命令。　　　　　　　　　　　　　//"透明"命令结束

指定下一点或［闭合（C）/放弃（U）］：　　　　　　　//恢复"直线"命令

如果在绘制直线的过程中直接单击"窗口缩放"按钮 ⬚，会达到同样的效果。

三、命令的重复、终止、撤销与重做

在 AutoCAD 中，用户可以方便地重复执行同一条命令，终止正在执行的命令或撤销前面执行的一条或多条命令。此外，撤销前面执行的命令后，还可以通过"重做"来恢复。

1. 重复命令

（1）重复刚刚执行过的命令

当执行完一条命令后，还想再次执行该条命令，直接按一下空格键或回车键，就可重复执行这条命令；或者单击鼠标右键，在弹出的快捷菜单中选择"重复"选项，如刚刚绘制完成一个圆，单击鼠标右键，选择"重复圆"选项，则又调用圆命令。

（2）重复最近执行过的命令

在绘图区中单击鼠标右键，会弹出一个快捷菜单，在"最近的输入"子菜单下列出最近使用过的命令，从中选择要重复执行的命令。

如果在命令窗口单击鼠标右键，弹出快捷菜单，将鼠标放在"最近使用的命令"选项上，打开其子菜单，选择最近使用过的六个命令之一。

2. 终止命令

终止命令有下面三种方法：

（1）在命令执行过程中，用户在下拉菜单或工具栏调用另一非透明命令，将自动终止正在执行的命令。

（2）在命令执行过程中，按 Esc 键终止命令的执行。

（3）单击鼠标右键，选择"取消"选项也可终止命令。

3. 撤销命令

撤销前面的操作，可以使用下面几种方法之一：

（1）选择下拉菜单［编辑］［放弃］选项，每执行一次就撤销一次操作。

（2）在命令行输入"U"，每执行一次就撤销一次操作。

（3）单击工具栏上的"放弃"按钮 ⬚，单击一次就撤销一次操作，如果单击其后面的下拉按钮，可以执行多次撤销操作。

（4）使用快捷键 Ctrl +Z。

（5）在命令行输入"UNDO"，然后再输入要放弃的命令的数目，可一次撤销前面输入的多

个命令。例如要撤销最后的五个命令,可进行如下操作:

在命令行输入"UNDO"命令并回车,系统提示:

输入要放弃的操作数目或[自动(A)/控制(C)/开始(BE)/结束(E)/标记(M)/后退(B)]
<1>:**5**↙

由于命令的执行是依次进行的,所以当返回到以前的某一操作时,在这一过程中的所有操作都将被取消。如果要恢复撤销的最后一个命令,可以使用"REDO"命令或选择[编辑][重做]选项。也可单击工具栏上的"重做"按钮 ↷ ▾,单击一次恢复一次操作,如果单击其后面的下拉按钮可以恢复多次操作。

2.2　图形对象的选择

在对图形进行编辑操作时首先要确定编辑的对象,即在图形中选择若干图形对象构成选择集。输入一个图形编辑命令后,命令行出现"选择对象:"提示,这时可根据需要反复多次地进行选择,直至回车结束选择,转入下一步操作。为了提高选择的速度和准确性,AutoCAD提供了多种不同形式的选择对象方式,常用的选择对象方式有以下几种:

1. 直接选择对象

微课

图形对象的选择

这是默认的选择对象方式,此时光标变为一个小方框(称拾取框),此时在图形对象上单击鼠标左键,则该对象被选中。重复上述操作,可依次选取多个对象。被选中的图形对象以虚线显示,以区别其他图形。利用该方式每次只能选取一个对象,且在图形密集的地方选取对象时,往往容易选错或多选。

如果在空白处单击鼠标左键,向右拖动鼠标为"窗口"选择方式,选择框为实线,内部背景为蓝色填充;当向左拖动鼠标时为"交叉"选择,选择框为虚线,内部背景为绿色填充。

2. 窗口(W)方式

当命令窗口提示"选择对象:"时,先给出窗口的左上或左下角点 1,再给出窗口的右下或右上角点 2,通过光标给定一个矩形窗口,所有部分均位于这个矩形窗口内的图形对象才能被选中,如图 2-2 所示。

图 2-2　窗口方式

3. 多边形窗口(WP)方式

当命令窗口提示"选择对象:"时,输入"WP",用多边形窗口方式选择对象,完全包含在多边形窗口中的图形对象被选中。

4. 交叉(C)窗口方式

当命令窗口提示"选择对象:"时,先给出窗口的右上或右下角点 1,再给出窗口的左下或左上角点 2,所有位于矩形窗口之内或者与矩形窗口边界相交的对象都将被选中。如图 2-3 所示。

图 2-3 交叉窗口方式

5. 交叉多边形窗口(CP)方式

在交叉多边形窗口方式下,所有位于多边形窗口之内或者与多边形窗口边界相交的对象都将被选中。

6. 全部(ALL)方式

当命令窗口提示"选择对象:"时,输入"ALL",选取屏幕上全部图形对象。

7. 删除(R)与添加(A)方式

当命令窗口提示"选择对象:"时,输入"R"进入删除方式。在删除(R)方式下可以从当前选择集中移出已选取的对象。在删除方式提示下,输入"A"则可继续向选择集中添加图形对象。

8. 前一个(P)方式

当命令窗口提示"选择对象:"时,输入"P",将最近的一个选择集设置为当前选择集。

9. 栏选(F)方式

当命令窗口提示"选择对象:"时,输入"F"进入栏选方式,此时光标变为"十"字形,绘制一条虚线,与虚线相交的元素全部被选中,如图 2-4 所示。

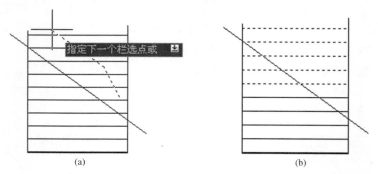

图 2-4 栏选方式

10. 放弃(U)方式

当命令窗口提示"选择对象:"时,输入"U",将取消最后的选择对象操作。

以上只是几种常用的选择对象方式,若要了解所有的选择对象方式,则可在命令窗口"选择对象:"提示下输入"?",系统将显示如下提示信息:

需要点或窗口(W)/上一个(L)/窗交(C)/框(BOX)/全部(ALL)/栏选(F)/圈围(WP)/圈交(CP)/编组(G)/添加(A)/删除(R)/多个(M)/前一个(P)/放弃(U)/自动(AU)/单个(SI)

根据提示,用户可选取相应的选择对象方式。

2.3　辅助功能

在 AutoCAD 中,用户不仅可以通过输入点的坐标绘制图形,而且还可以使用系统提供的"捕捉"、"栅格"、"正交"、"极轴追踪"、"对象捕捉"和"对象捕捉追踪"等功能,快速、精确地绘制图形。

一、"捕捉"与"栅格"功能

当状态栏上的"捕捉模式"按钮按下时,此时屏幕上的光标呈跳跃式移动,并总是被"吸附"在屏幕上的某些固定点上。如果此时"栅格"功能也启动了,光标会在屏幕上的栅格点上,如图 2-5 所示。

微 课

辅助功能

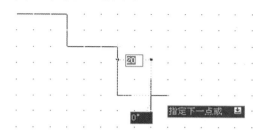

图 2-5　启动"捕捉"和"栅格"功能绘制图形

"捕捉"和"栅格"功能一般同时使用,可绘制比较规整的图形,如楼梯、棋盘等。捕捉间距与栅格间距可以设置不同的值,一般设置为相同的值。设置捕捉间距和栅格间距的方法如下:

状态栏:在"捕捉模式"或"栅格显示"按钮上单击鼠标右键,选择"设置"选项
下拉菜单:[工具][绘图设置]

执行上述操作后系统会弹出如图 2-6 所示的"草图设置"对话框。可以设置不同的捕捉间距和栅格间距。建议初学者关闭"捕捉"功能。

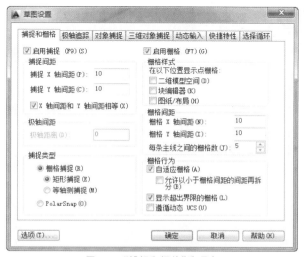

图 2-6　"捕捉和栅格"选项卡

二、"正交"功能

按下状态栏上的"正交模式"按钮,启动"正交"功能,如果此时为执行"直线"命令状态,屏幕上的光标只能水平或垂直移动,绘制水平线和垂直线。这种方式为绘制水平线和垂直线提供了方便。按 F8 键可快速启动和关闭"正交"功能。

三、"极轴追踪"功能

使用"极轴追踪"功能,用户可以方便快捷地绘制有一定角度的直线。例如要绘制一个有30°角的直角三角形,用鼠标右键单击状态栏上的"极轴追踪"按钮,选择其快捷菜单中的"设置"选项,可以打开"草图设置"对话框,打开"极轴追踪"选项卡,如图 2-7 所示。在"增量角"下拉列表中选择"30"或输入需要的值,然后单击"确定"按钮。

图 2-7 "极轴追踪"选项卡

"极轴追踪"选项卡各选项功能如下:

(1)"启用极轴追踪"复选框:打开或关闭极轴追踪功能。按 F10 功能键打开或关闭极轴追踪功能更方便、更快捷。

(2)"增量角"下拉列表框:用于选择极轴夹角的递增值,当极轴夹角为该值倍数时,都将显示辅助线。

(3)"附加角"复选框:当"增量角"下拉列表中的角度不能满足需要时,先选中该选项,然后通过"新建"命令增加特殊的极轴夹角。

启动了"极轴追踪"功能后,绘制直线时,当鼠标在30°位置附近或其整数倍位置附近时,会出现如图2-8所示的极轴角度值"30°"提示和沿线段方向上的蚂蚁线。

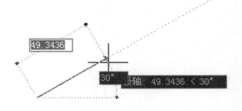

图 2-8 使用极轴绘制图形

四、"对象捕捉"功能

在绘制和编辑图形时使用"对象捕捉"功能,可捕捉对象上的特殊点,如端点、中点等。

"对象捕捉"功能有两种使用方式,一是"自动对象捕捉"方式,只要选中了如图 2-9 所示的"对象捕捉模式"选项组中相应的点选项,并且启用了"对象捕捉"功能,相应的对象捕捉点就会起作用;另一种是"单点捕捉"方式,使用一次后不再起作用。"单点捕捉"方式是使用"对象捕捉"工具栏上的特征点按钮或使用"对象捕捉"快捷菜单中的选项进行捕捉。

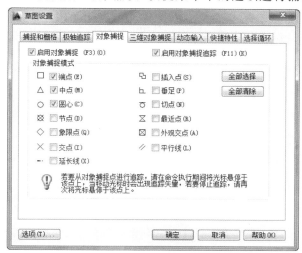

图 2-9　"对象捕捉"选项卡

1. "对象捕捉"工具栏

"对象捕捉"工具栏如图 2-10 所示。在绘图过程中,当要求用户指定点时,单击该工具栏中相应的特征点捕捉按钮,再将光标移到要捕捉对象的特征点附近,即可捕捉到所需的点。

图 2-10　"对象捕捉"工具栏

2. "对象捕捉"快捷菜单

当要求用户指定点时,按下 Shift 键或者 Ctrl 键,同时在绘图区任一点单击鼠标右键,打开"对象捕捉"快捷菜单,如图 2-11 所示。利用该快捷菜单用户可以选择相应的对象捕捉模式。在"对象捕捉"快捷菜单中,除了"点过滤器"、"两点之间的中点"选项外,其余各项都与"对象捕捉"工具栏中的模式相对应。"点过滤器"选项用于捕捉满足指定坐标条件的点。"两点之间的中点"用于捕捉选定两点间的中间点。

3. "对象捕捉"关键字

不管当前对象捕捉模式如何,当命令行提示要求用户指定点时,输入对象捕捉关键字,如 END、MID、QUA 等,可直接给定对象捕捉模式。该模式常用于临时捕捉某一特征点,操作一次后即退出指定对象捕捉模式。

图 2-11　"对象捕捉"快捷菜单

AutoCAD 2014 提供了多种对象捕捉模式，简述如下：

(1)端点捕捉(END)

捕捉直线、曲线等对象的端点或捕捉多边形的最近一个角点。

(2)中点捕捉(MID)

捕捉直线、曲线等线段的中点。

(3)交点捕捉(INT)

捕捉不同图形对象的交点。

(4)外观交点捕捉(APP)

捕捉在三维空间中图形对象(不一定相交)的外观交点。

(5)捕捉延长线(EXT)

捕捉直线、圆弧、椭圆弧、多段线等图形延长线上的点。

(6)捕捉圆心(CEN)

捕捉圆、圆弧、椭圆、椭圆弧等的圆心。

(7)捕捉象限点(QUA)

捕捉圆、圆弧、椭圆、椭圆弧等图形相对于圆心 0°、90°、180°、270°处的点。

(8)捕捉切点(TAN)

捕捉圆、圆弧、椭圆、椭圆弧、多段线或样条曲线等的切点。

(9)捕捉垂足(PER)

绘制与已知直线、圆、圆弧、椭圆、椭圆弧、多段线或样条曲线等图形相垂直的直线。

(10)捕捉平行线(PAR)

用于画已知直线的平行线。

(11)捕捉插入点(INS)

捕捉插入在当前图形中的文字、块、形或属性的插入点。

(12)捕捉节点(NOD)

捕捉用画"点"命令(POINT)绘制的点。

(13)捕捉最近点(NEA)

捕捉图形上离光标位置最近的点。

(14)捕捉自(FRO)

"捕捉自"模式是以一个临时参考点为基点，根据给定的距离值捕捉到所需的特征点。

(15)临时追踪点(TT)

"临时追踪点"模式先用鼠标在任意位置做一标记，再以此为参考点捕捉所需特征点。

(16)无捕捉(NON)

关闭捕捉模式。

五、"对象捕捉追踪"功能

　　"对象捕捉追踪"功能是利用已有图形对象上的捕捉点来捕捉其他特征点的一种快捷作图方法。"对象捕捉追踪"功能常用于事先不知具体的追踪方向,但在已知图形对象间的某种关系(如正交)的情况下使用,常与"极轴追踪"或"对象捕捉"功能一起使用。

六、"动态输入"功能

　　当按下状态栏上的"动态输入"按钮时,在绘制图形时会给出长度和角度的提示,如图 2-8 所示。提示外观可在"草图设置"对话框的"动态输入"选项卡中设置,如图 2-12 所示。

图 2-12　"动态输入"选项卡

在动态提示输入标注值时按 Tab 键,表示进入下一个输入,按向下键进入下一选项。

七、"线宽"功能

　　绘图时如果线条有不同的线宽,按下"显示/隐藏线宽"按钮,可以在屏幕上显示不同线宽的对象。

2.4　"模型"选项卡和"布局"选项卡

　　绘图窗口的底都有"模型""布局 1""布局 2"三个选项卡,用来控制绘图工作是在模型空间还是图纸空间进行。默认状态是在模型空间进行,一般绘图工作都是在模型空间进行。单击"布局 1"或"布局 2"选项卡可进入图纸空间,图纸空间主要完成打印、输出图形的最终布局。如果进入了图纸空间,单击"模型"选项卡即可返回模型空间。

习 题

一、选择题

1. 要重复输入一个命令,可在命令行出现"命令:"提示符后,按(　　　)。

A. F1 键　　　　　　　　　　　　　　B. 空格键或回车键

C. 鼠标左键　　　　　　　　　　　　D. Ctrl + F1 键

2. 在确定选择集时,要选择最近的一个选择集,可采用(　　　)选择对象。

A. 默认方式　　　　　　　　　　　　B. "W"方式

C. "L"方式　　　　　　　　　　　　D. "P"方式

3. 在绘图过程中,按(　　　)功能键,可打开或关闭对象捕捉模式。

A. F2　　　　　　　B. F3　　　　　　　C. F6　　　　　　　D. F7

二、填空题

1. AutoCAD 的命令输入方式,通常有_____、_____和_____三种。

2. 在命令执行过程中按 Esc 键,将_____,输入"U"命令将_____,输入"REDO"命令将_____。

3. 在使用"W"窗口方式选择对象时,_____图形对象被选中,使用"C"窗口方式选择对象时,_____图形对象被选中。

三、简答题

1. 什么是极轴追踪? 如何设置极轴角?

2. 如何设置对象捕捉模式? 同时捕捉的特征点是否越多越好?

第3章
绘制平面图形实例

本章要点：

本章通过绘制一些平面图形，介绍 AutoCAD 常用的绘图与修改命令、绘制平面图形的一般方法、步骤及 AutoCAD 辅助功能的具体应用，使学生能尽快掌握 AutoCAD 的基本作图方法。

思政导读：

计算机辅助设计是指利用计算机及其图形设备帮助设计人员进行设计工作，简称 CAD。在工程和产品设计中，计算机可以帮助设计人员担负计算、信息存储和制图等工作。设计人员通常用草图开始设计，将草图变为工作图的繁重工作可以交给计算机来完成。CAD 能够减轻设计人员的劳动，缩短设计周期，提高设计质量。这项领域的探索之路上，需要我们付出更多的努力与艰辛。

3.1 绘制平面图形实例1——直线

任务：利用正交功能绘制如图 3-1 所示图形。

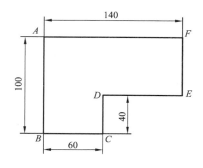

图 3-1 平面图形（实例 1）

目的：学习利用正交功能绘制水平线和垂直线。

绘图步骤分解：

绘图工具栏：✎
下拉菜单：［绘图］［直线］
命令窗口：LINE（L）↙

AutoCAD 提示：

命令：_line   // 输入"直线"命令

指定第一个点：**单击一点 A**   // 在绘图区内指定起始点 A

指定下一点或[放弃(U)]：**100 ✓（打开正交功能）**   // 拖动鼠标垂直向下给定长度 100

指定下一点或[放弃(U)]：**60 ✓**   // 沿水平向右给定长度 60

指定下一点或[闭合(C)/放弃(U)]：**40 ✓**   // 沿垂直向上给定长度 40

指定下一点或[闭合(C)/放弃(U)]：**80 ✓**   // 沿水平向右给定长度 80

指定下一点或[闭合(C)/放弃(U)]：**60 ✓**   // 沿垂直向上给定长度 60

指定下一点或[闭合(C)/放弃(U)]：**C ✓**   // 闭合

3.2 绘制平面图形实例 2——圆及辅助功能的应用

任务：利用"直线"和"圆"命令，使用极轴追踪、对象捕捉和对象捕捉追踪功能绘制如图 3-2 所示的图形。

目的：通过此例，学习直线、圆的绘制方法；如何设置极轴追踪、对象捕捉模式及在绘图过程中如何进行特征点的捕捉。

绘图步骤分解：

1. 启动极轴追踪、对象捕捉和对象捕捉追踪功能

选择[工具][绘图设置]选项，打开"草图设置"对话框，在"对象捕捉"选项卡中，选中"端点"、"中点"两个复选框。在"极轴追踪"选项卡中设置"增量角"为 45°，然后单击"确定"按钮。极轴追踪、对象捕捉和对象捕捉追踪功能均打开。

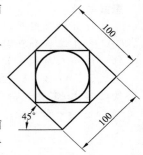

图 3-2　平面图形（实例 2）

2. 绘制正方形

单击 ✐ 按钮，AutoCAD 提示：

命令：_line

指定第一个点：**在绘图区上单击，确定第一点**

指定下一点或[放弃(U)]：**100 ✓**

　　　　　// 鼠标向右上移动出现 45°极轴追踪时，键盘输入长度值

指定下一点或[放弃(U)]：**100 ✓**

　　　　　// 鼠标向右下移动出现 45°极轴追踪时，键盘输入长度值，如图 3-3 所示

指定下一点或[闭合(C)/放弃(U)]：**100 ✓**

指定下一点或[闭合(C)/放弃(U)]：**C ✓**   // 闭合

直接回车，再次调用直线命令：

命令：_line

指定第一个点：

指定下一点或[放弃(U)]：**捕捉正方形右上边线的中点**

指定下一点或[放弃(U)]：**捕捉正方形右下边线的中点**   // 如图 3-4 所示

指定下一点或[闭合(C)/放弃(U)]：**捕捉正方形左下边线的中点**

指定下一点或[闭合(C)/放弃(U)]：**捕捉正方形左上边线的中点**

指定下一点或[闭合(C)/放弃(U)]：**C ✓**   // 闭合

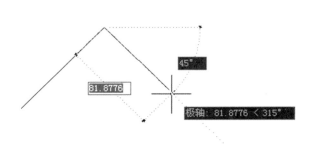

图 3-3　绘制外部的正方形

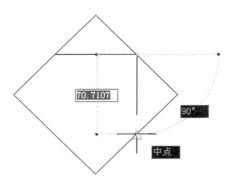

图 3-4　绘制内部的正方形

3.绘制圆

调用"圆"命令：

绘图工具栏：⊙

下拉菜单：[绘图][圆]

命令窗口：CIRCLE(C)↙

AutoCAD 提示：

命令：_circle

指定圆的圆心或[三点(3P)/两点(2P)/相切、相切、半径(T)]：单击

　　　　//鼠标在内部小正方形左边中点滑过出现中点标识后,移动至上边中点

　　　　　　处出现标识后向下移动,出现如图 3-5(a)所示的追踪标记后单击

指定圆的半径或[直径(D)]＜35.3553＞：向上移动鼠标,捕捉内部正方形边的中点,单击

左键

　　　　　　　　　　　　　　　　　　　　//如图 3-5(b)所示

至此,图形绘制完成。

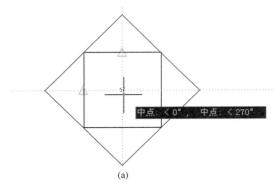

(a)

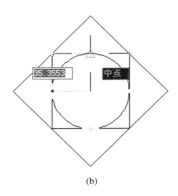

(b)

图 3-5　绘制内切圆

提示、注意、技巧

　　1.极轴追踪与对象捕捉追踪最大的不同在于:对象捕捉追踪需要在图样中有可以捕捉的对象,而极轴追踪没有这个要求。

　　2.正交功能和极轴追踪功能不能同时打开,如果打开了正交功能,极轴追踪功能将被自动关闭,反之,如果打开了极轴追踪功能,正交功能将被关闭。

3.3 绘制平面图形实例 3——删除对象及临时捕捉功能的应用

任务:绘制如图 3-6 所示的图形。

目的:通过此例,学习临时捕捉特征点的方法及"删除"命令的使用。

绘图步骤分解:

1. 绘制圆

调用"圆"命令,绘制直径为 100 的圆:

命令:_circle

指定圆的圆心或[三点(3P)/两点(2P)/相切、相切、半径(T)]:**单击**

　　　　　　　　　　　　　　　//在绘图区内选取一点为圆心

指定圆的半径或[直径(D)]<20.0000>:**50** ↙　　　//绘制直径为 100 的圆

回车,再次调用"圆"命令:

命令:_circle

指定圆的圆心或[三点(3P)/两点(2P)/相切、相切、半径(T)]:**100** ↙

　　　　　　　//光标在直径为 100 的圆心处移动,当出现圆心标记时向右移动
　　　　　　　鼠标,出现延伸直线时,如图 3-7 所示,键盘输入 100

指定圆的半径或[直径(D)]<50.0000>:**20** ↙　　　//给定圆半径

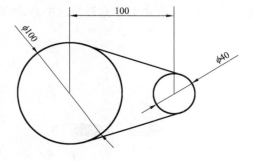

图 3-6　平面图形(实例 3)

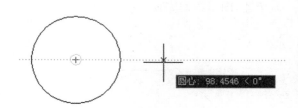

图 3-7　绘制圆

2. 绘制切线

调用"直线"命令,绘制切线:

命令:_line

指定第一个点:(按住 **Shift** 键,单击鼠标右键,选择"切点"选项) _tan 到在大圆上出现递延切点标记后单击　　　　　　　　　　　//如图 3-8(a)所示

指定下一点或[放弃(U)]:单击"对象捕捉"工具栏上"捕捉到切点"按钮 _tan 在小圆上出现递延切点标记后单击　　　　　　　　　　　//绘制出上侧的切线

指定下一点或[放弃(U)]:↙　　　　　　　//回车,结束命令,如图 3-8(b)所示

用相同的方法绘出下侧的切线。

3. 删除图形

当绘制的图形需要删除时,可调用"删除"命令删除对象。

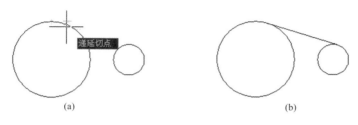

(a)　　　　　　　　　　　　　　(b)

图 3-8　绘制切线

```
修改工具栏: ✐
下拉菜单:[修改][删除]
命令窗口:ERASE(E) ↙
键盘: Delete 键
```

通常,当输入"删除"命令后,用户需要选择要删除的对象,然后按回车键或空格键结束对象选择,同时删除已选择的对象。

3.4　绘制平面图形实例 4——点

任务:绘制平面图形,如图 3-9(a)所示,其中 B、C 两点分别为直线 AD 的等分点。

目的:通过此图形,学习绘制点的方法。

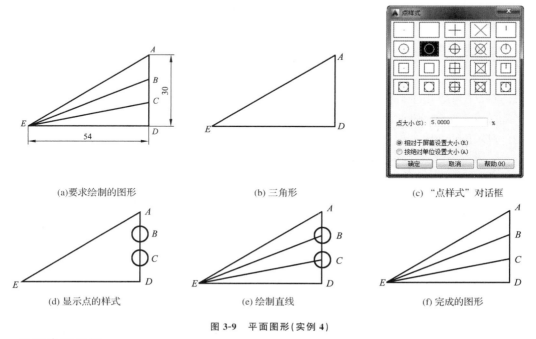

(a)要求绘制的图形　　　　(b) 三角形　　　　(c) "点样式" 对话框

(d) 显示点的样式　　　　(e) 绘制直线　　　　(f) 完成的图形

图 3-9　平面图形(实例 4)

绘图步骤分解:

1. 绘制三角形 ADE

利用"直线"命令,绘制三角形 ADE,如图 3-9(b)所示。

2. 将直线 *AD* 三等分

> 下拉菜单:[绘图][点][定数等分]
> 命令窗口:DIVIDE ↙

AutoCAD 提示:

命令:_divide

选择要定数等分的对象:**单击直线 *AD***　　　//选择目标

输入线段数目:**3** ↙　　　　　　　　　　//等分线段数为 3

3. 变换点的样式

> 下拉菜单:[格式][点样式]

该命令打开"点样式"对话框,如图 3-9(c)所示,选择除第一、第二种以外任何一种样式即可。图形变为如图 3-9(d)所示形式。

4. 连接 *EB* 和 *EC* 两直线(如图 3-9(e)所示)

输入直线命令,AutoCAD 提示:

命令:_line

指定第一个点:**利用端点捕捉,找到 *E* 点**　　　//确定目标点 *E*

指定下一点:**利用节点捕捉,找到 *B* 点**　　　//确定目标点 *B*

同理绘出直线 *EC*。

5. 删除 *B*、*C* 两点(如图 3-9(f)所示)

方法 1:将 *B*、*C* 两点选上,删除。

方法 2:将点样式恢复到原来的样式。

图形绘制完成。

补充知识

1. 点除了可以用于等分线段,还可以用于等分圆弧、圆、椭圆、椭圆弧、多段线和样条曲线。如图 3-10 所示为等分圆弧的情况。

2. 点除了可以用于定数等分,还可以对直线或圆弧等进行定距等分,如图 3-11 所示。

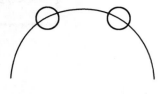

图 3-10　等分圆弧

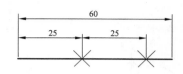

图 3-11　定距等分

方法步骤如下:

> 下拉菜单:[绘图][点][定距等分]
> 命令窗口:MEASURE ↙

AutoCAD 提示:

命令:_measure

选择要定距等分的对象:**选择图 3-11 中长为 60 的直线**　　　//选择目标,单击直线的左端

指定线段的长度:**25** ↙　　　　　　// 等距线段长为 25

3. 绘制单独的点

下拉菜单:〔绘图〕〔点〕〔单点〕

可在绘图区内单击鼠标左键,绘制一个点,绘制完一个点后,自动结束命令。

4. 绘制多个点

绘图工具栏: ·
下拉菜单:〔绘图〕〔点〕〔多点〕

可在绘图区内单击鼠标左键,绘制多个点。执行多点绘制时,只能按 Esc 键结束命令。

5. "点样式"对话框中"点大小"的设置

可以相对于屏幕设置点的大小,也可以用绝对单位设置点的大小。AutoCAD 将点的显示大小存储在 PDSIZE 系统变量中。以后绘制的点对象将使用新值。

(1)相对于屏幕设置点的大小

按屏幕尺寸的百分比设置点的显示大小。当进行缩放时,点的显示大小并不改变。

(2)按绝对单位设置点的大小

按"点大小"指定的实际单位设置点的显示大小。当进行缩放时,AutoCAD 显示的点的大小随之改变。

提示、注意、技巧

1. 定距等分点不一定均分实体。
2. 定距等分或定数等分的起点随对象类型变化。
(1)对于直线或非闭合的多段线,起点是距离选择点最近的端点。
(2)对于闭合的多段线,起点是多段线的起点。

3.5　绘制平面图形实例5——圆、圆弧、移动、镜像和复制

任务:绘制平面图形,如图 3-12(a)所示。
目的:通过此图形,学习绘制圆及圆弧的方法,学习"移动""镜像""复制"命令的应用。
绘图步骤分解:

1. 绘制 φ40 的圆
绘制直径为 40 的圆,圆心位置可在绘图区内任取一点。

2. 绘制 φ20 的圆
绘制直径为 20 的圆,圆心位置可在绘图区内任取一点。

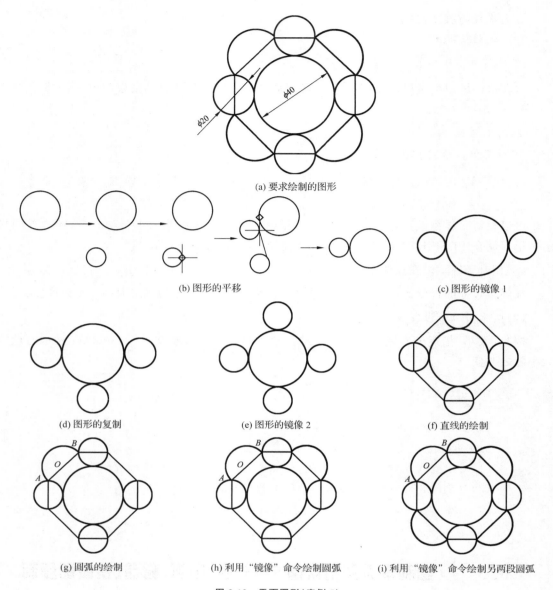

(a) 要求绘制的图形

(b) 图形的平移

(c) 图形的镜像 1

(d) 图形的复制

(e) 图形的镜像 2

(f) 直线的绘制

(g) 圆弧的绘制

(h) 利用"镜像"命令绘制圆弧

(i) 利用"镜像"命令绘制另两段圆弧

图 3-12   平面图形（实例 5）

3. 利用"移动"命令移动小圆

> 修改工具栏：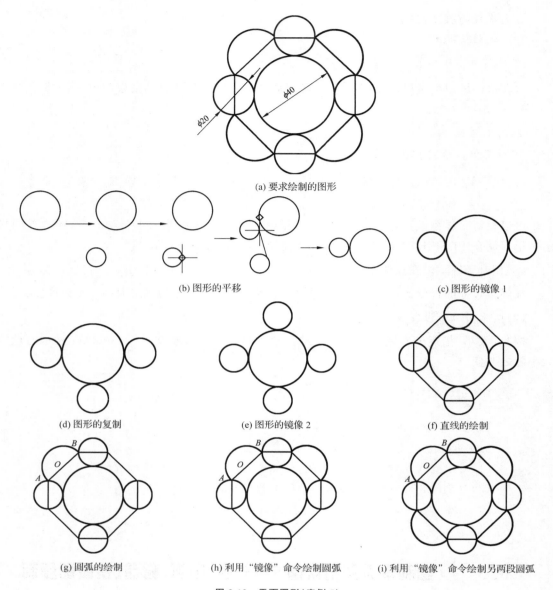
>
> 下拉菜单：[修改][移动]
>
> 命令窗口：MOVE(M)↙

AutoCAD 提示：

命令：_move

选择对象：**选择小圆**   // 选择要移动的图形

选择对象：↙   // 确定不选物体时回车

指定基点[或位移（D）]＜位移＞：＜**对象捕捉 开**＞   // 打开"对象捕捉"功能，捕捉到小
                                                      圆上一个象限点

指定第二个点或＜使用第一个点作为位移＞：　　　　//移动鼠标捕捉到大圆上对应的
　　　　　　　　　　　　　　　　　　　　　　　　　　象限点

以上步骤如图 3-12(b)所示。

4.利用"镜像"命令绘制第二个小圆

修改工具栏：◬
下拉菜单：[修改][镜像]
命令窗口：MIRROR(MI) ↙

AutoCAD 提示：

命令：_mirror

选择对象：**选择小圆**　　　　　　　　　　　　　　//选择要镜像的对象

选择对象：↙　　　　　　　　　　　　　　　　　　//确定不选物体时回车

指定镜像线的第一点：指定镜像线的第二点：**选择大圆上、下两个象限点**

　　　　　　　　　　　　　　　　　　　　　　　//此两点连线为镜像线

要删除源对象吗？[是(Y)/否(N)]＜N＞：↙　　　//确定不删除物体时回车

图形如图 3-12(c)所示。

5.利用"复制"命令绘制第三个小圆

修改工具栏：🍃
下拉菜单：[修改][复制]
命令窗口：COPY(CO) ↙

AutoCAD 提示：

命令：_copy

选择对象：**选择左侧小圆**　　　　　　　　　　　//选择要复制的对象

选择对象：↙　　　　　　　　　　　　　　　　　//确定不选物体时回车

指定基点或[位移(D)]＜位移＞：**捕捉左侧小圆上面的象限点**

指定第二个点或[阵列(A)]＜使用第一个点作为位移＞：

　　　　　　　　　　　　　　　//移动光标到大圆下面的象限点处

指定第二个点或[阵列(A)/退出(E)/放弃(U)]＜退出＞：↙

图形如图 3-12(d)所示。

利用"镜像"命令绘制另一个小圆,如图 3-12(e)所示。

6.绘制直线

利用"直线"命令及象限捕捉功能绘制各段直线,如图 3-12(f)所示。

7.绘制第一段圆弧

利用"圆弧"命令绘制第一段圆弧,如图 3-12(g)所示。

绘图工具栏：⌒
下拉菜单：[绘图][圆弧]
命令窗口：ARC(A) ↙

AutoCAD 提示：

命令：_arc

指定圆弧的起点或[圆心(C)]：<捕捉 开> **捕捉 A 点**　//A 点作为圆弧的起点

指定圆弧的第二个点或[圆心(C)/端点(E)]：**C** ↙　　//由于第二个点未知，故可选择圆心(C)或端点(E)，本例选择圆心(C)

指定圆弧的圆心：**捕捉直线 AB 的中点 O**　　//O 为所绘圆弧的圆心

指定圆弧的端点或[角度(A)/弦长(L)]：**A** ↙　　//由于此圆弧为顺时针绘制，若直接选取端点，圆弧方向与已知不符，故选择角度(A)

指定包含角：**—180** ↙　　//当圆弧为顺时针绘制时，圆弧所包含角度值为负值

8.绘制另三段圆弧

利用"镜像"命令绘制另三段圆弧，完成全图，如图 3-12(h)、图 3-12(i)所示。

补充知识

1.有关圆的补充知识

(1)绘制圆的方式

在"绘图"菜单的"圆"子菜单中有六种圆的绘制方式，如图 3-13 所示。

(2)命令选项

[三点(3P)/两点(2P)/相切、相切、半径(T)]

①两点(2P)：指定两点作为圆的一条直径上的两点。

②三点(3P)：指定圆周上三点画圆。

③相切、相切、半径(T)：圆的半径为已知，绘制一个与两对象相切的圆。有时会有多个圆符合指定的条件。AutoCAD 以指定的半径绘制圆，其切点与选定点的距离最近。

图 3-14 给出了各命令选项画圆示例。

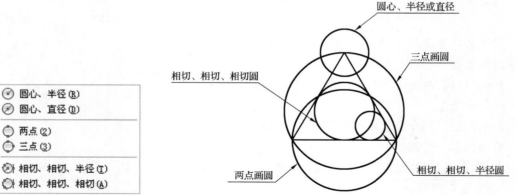

图 3-13　圆的六种绘制方式　　　　图 3-14　各命令选项画圆示例

2.有关圆弧的补充知识

(1)绘制圆弧的方式

在"绘图"菜单的"圆弧"子菜单中有 11 种绘制圆弧的方式，如图 3-15 所示。

（2）命令选项

圆弧的各命令选项通过图 3-16 所示图例进行说明。

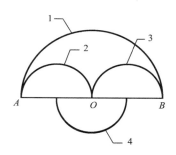

图 3-15　绘制圆弧的 11 种方式　　　　　图 3-16　圆弧选项的应用

绘图步骤如下：

①绘制直线 AB

②绘制圆弧 1

输入"圆弧"命令，AutoCAD 提示：

命令：_arc

指定圆弧的起点或［圆心（C）］：＜对象捕捉 开＞捕捉直线上点 A

　　　　　　　　　　　　　　　　　　　　　 // A 作为圆弧起点

指定圆弧的第二个点或［圆心（C）/端点（E）］：C↙　　　// 第二点未知，选择圆心（C）

指定圆弧的圆心：**捕捉直线 AB 的中点 O**　　　　　// O 点为圆弧 1 的圆心

指定圆弧的端点或［角度（A）/弦长（L）］：**A**↙　　　　// 选择角度（A）

指定包含角：**-180**↙　　　　　　　　　　　　　// 圆弧为顺时针绘制，包含角取
　　　　　　　　　　　　　　　　　　　　　　　　　 负值

③绘制圆弧 2

输入"圆弧"命令，AutoCAD 提示：

命令：_arc

指定圆弧的起点或［圆心（C）］：**捕捉直线上点 A**　　　// A 点作为圆弧起点

指定圆弧的第二个点或［圆心（C）/端点（E）］：**E**↙　　　// 第二点未知，选择端点（E）

指定圆弧的端点：**捕捉直线 AB 的中点 O**　　　　　// O 点为圆弧 2 的端点

指定圆弧的圆心或［角度（A）/方向（D）/半径（R）］：**D**↙　// 选择圆弧的方向（D）

指定圆弧的起点切向：**＜正交 开＞，光标拖向直线 AB 的上方，单击鼠标左键**

　　　　　　　　　　　　　　　　　　　　　　　// 圆弧在 A 点的切线方向垂直
　　　　　　　　　　　　　　　　　　　　　　　　 AB，方向向上

④绘制圆弧 3

输入"圆弧"命令，AutoCAD 提示：

命令：_arc

指定圆弧的起点或［圆心（C）］：**捕捉直线上点 B**　　　// B 点作为圆弧起点

指定圆弧的第二个点或[圆心(C)/端点(E)]:**E** ↙　　//第二点未知,选择端点(E)

指定圆弧的端点:**捕捉直线 AB 的中点 O**　　//O 点为圆弧 3 的端点

指定圆弧的圆心或[角度(A)/方向(D)/半径(R)]:**A** ↙　//选择角度(A)

指定包含角:**180** ↙　　//圆弧为逆时针绘制,包含角取正值

⑤绘制圆弧 4

输入"圆弧"命令,AutoCAD 提示:

命令:_arc

指定圆弧的起点或[圆心(C)]:**C** ↙　　//选择圆弧的圆心

指定圆弧的圆心:**捕捉直线 AB 的中点 O**　　//O 点为圆弧 4 的圆心

指定圆弧的起点:**捕捉圆弧 2 的圆心**　　//圆弧 2 的圆心为圆弧 4 的起点

指定圆弧的端点或[角度(A)/弦长(L)]:**捕捉圆弧 3 的圆心**

//圆弧 3 的圆心为圆弧 4 的端点

完成全图。

(3)选项中"弦长"的含义

绘制圆弧时,在命令行的"指定弦长:"提示下所输入的弦长是基于起点和端点之间的直线距离绘制劣弧或优弧。如果弦长为正值,AutoCAD 从起点逆时针绘制劣弧。如果弦长为负值,AutoCAD 从起点逆时针绘制优弧。

3. 有关"复制"命令的补充知识

利用"复制"命令可一次复制多个选择集,如图 3-17 所示。

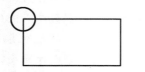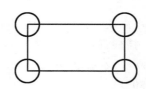

图 3-17　重复复制对象

4. 有关"镜像"命令的补充知识

执行"镜像"命令时还可以选择删除源对象,如图 3-18 所示,由图 3-18(a)变成图 3-18(b),就是此命令删除源对象的应用实例。

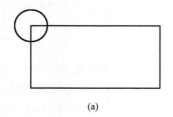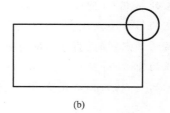

(a)　　　　(b)

图 3-18　镜像对象

执行"镜像"命令,AutoCAD 提示:

命令:_mirror

选择对象:**选择矩形及圆**　　//选择图 3-18(a)中所有图形对象

选择对象:↙　　//回车结束选择对象

指定镜像线的第一点:**在源图形右侧任选一点**

指定镜像线的第二点:<**正交　开**>,**在第一点的下方任选一点**

要删除源对象吗?[是(Y)/否(N)]<N>:**Y**✓　　　　　//输入 Y 表示删除源对象

提示、注意、技巧

　　1.绘制圆时,当圆切于直线时,不一定和直线有明显的切点,可以是直线延长后的切点。

　　2.绘制圆弧时,在命令行的"指定包含角:"提示下所输入的角度的正负将影响圆弧的绘制方向,输入正值为逆时针方向绘制圆弧,输入负值为顺时针方向绘制圆弧。

3.6　绘制平面图形实例 6——矩形与椭圆

任务:绘制平面图形,如图 3-19 所示。

目的:通过此图形,学习绘制矩形、椭圆的方法。

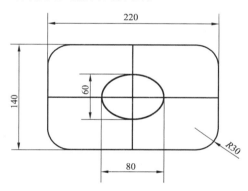

图 3-19　平面图形(实例 6)

绘图步骤分解:

1.绘制带圆角的矩形

绘图工具栏:口
下拉菜单:[绘图][矩形]
命令窗口:RECTANG(REC)✓

AutoCAD 提示:

命令:_rectang

指定第一个角点或[倒角(C)/标高(E)/圆角(F)/厚度(T)/宽度(W)]:**F**✓

　　　　　　　　　　　　　　　　　//绘制带圆角的矩形

指定矩形的圆角半径<0.0000>:**30**✓　　　　//圆角半径的值为 30

指定第一个角点或[倒角(C)/标高(E)/圆角(F)/厚度(T)/宽度(W)]:**在绘图区内单击左键**　　　　　　　　　　　　　//作为矩形的左下角点

指定另一个角点或[面积(A)/尺寸(D)/旋转(R)]:**D** ↙

　　　　　　　　　　　　　　　　　　　//选择选项尺寸(D)

指定矩形的长度<10.0000>:**220** ↙　　　　//输入矩形长度尺寸

指定矩形的宽度<10.0000>:**140** ↙　　　　//输入矩形宽度尺寸

2.绘制两条直线

利用"直线"命令及中点捕捉功能,绘制两条直线。

3.绘制椭圆

绘图工具栏:◖●◗
下拉菜单:[绘图][椭圆]
命令窗口:ELLIPSE (EL) ↙

AutoCAD 提示:

命令:_ellipse

指定椭圆的轴端点或[圆弧(A)/中心点(C)]:**C** ↙　　//椭圆中心为已知,故选择中心点(C)

指定椭圆的中心点:**<对象捕捉 开>捕捉直线的中点**　//直线的中点即椭圆的中心点

指定轴的端点:**<正交 开> 40** ↙　　　　　//将正交模式打开,把光标拖向椭圆
　　　　　　　　　　　　　　　　　　　　中心点的左方或右方,输入椭圆长
　　　　　　　　　　　　　　　　　　　　半轴的长度值 40

指定另一条半轴长度或[旋转(R)]:**30** ↙　　//把光标拖向椭圆中心点的上方或
　　　　　　　　　　　　　　　　　　　　下方,输入椭圆短半轴的长度
　　　　　　　　　　　　　　　　　　　　值 30

图形绘制完成,绘图过程如图 3-20 所示。

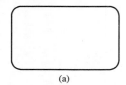　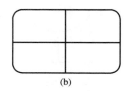　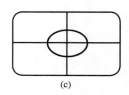

　　　　(a)　　　　　　　　　　(b)　　　　　　　　　　(c)

图 3-20　实例 6 平面图形的绘制过程

补充知识

1.有关矩形的补充知识——矩形各选项的含义

当输入"矩形"命令时,命令行出现如下提示信息:

命令:_rectang

指定第一个角点或[倒角(C)/标高(E)/圆角(F)/厚度(T)/宽度(W)]:

(1)指定第一个角点:定义矩形的一个顶点。执行该选项后,按系统提示指定矩形的另一个顶点

(2)倒角(C):绘制带倒角的矩形。

(3)标高(E):矩形的高度。

(4)圆角(F):绘制带圆角的矩形。

(5)厚度(T):矩形的厚度。

（6）宽度（W）：定义矩形的线宽。

各选项含义如图 3-21、图 3-22 所示。其中标高、厚度选项用于绘制三维空间中的矩形。

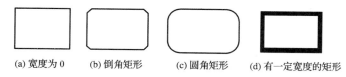

(a) 宽度为 0　　(b) 倒角矩形　　(c) 圆角矩形　　(d) 有一定宽度的矩形

图 3-21　绘制矩形 1

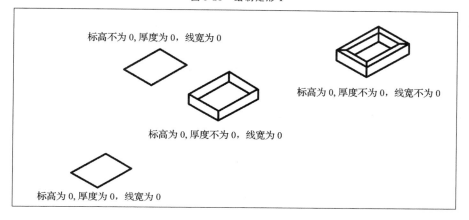

标高不为 0，厚度为 0，线宽为 0

标高为 0，厚度不为 0，线宽不为 0

标高为 0，厚度不为 0，线宽为 0

标高为 0，厚度为 0，线宽为 0

图 3-22　绘制矩形 2

2. 有关椭圆的补充知识

（1）绘制椭圆的方法

如图 3-23 所示，已知椭圆的长轴和短轴的长度值，绘制椭圆。

绘图步骤如下：

先绘制出如图 3-23 所示矩形，再绘制椭圆。

输入"椭圆"命令，AutoCAD 提示：

命令：_ellipse

指定椭圆的轴端点或［圆弧（A）/中心点（C）］：＜对象捕捉 开＞单

图 3-23　绘制椭圆

击矩形底边的中点　　　　　　　　　　//此点为椭圆的长轴的一个端点

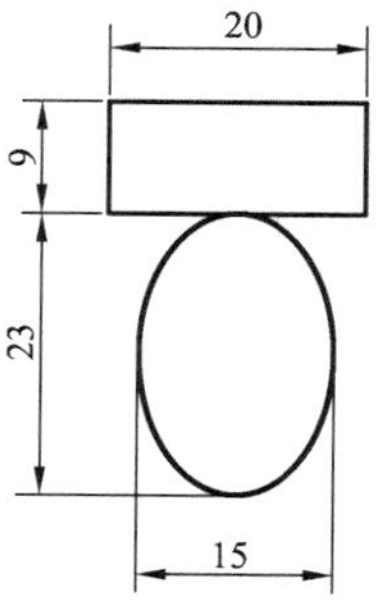

　　指定轴的另一个端点：＜正交 开＞**23** ↙　　//将正交模式打开，光标向下拖动，输
　　　　　　　　　　　　　　　　　　　　　　入长轴值 23

　　指定另一条半轴长度或［旋转（R）］：**7.5** ↙　　//将光标拖向左方或右方，输入短半
　　　　　　　　　　　　　　　　　　　　　　轴的长度值 7.5

图形绘制完成。

（2）绘制椭圆弧的方法

①利用绘制"椭圆"命令绘制椭圆弧。

输入"椭圆"命令，AutoCAD 提示：

命令：_ellipse

指定椭圆的轴端点或［圆弧（A）/中心点（C）］：**A** ↙　　//当要绘制圆弧时，选择圆弧（A）

指定椭圆弧的轴端点或[中心点(C)]:**单击绘图区内任一点**

指定轴的另一个端点:**单击绘图区内另一点**   // 此两点的连线为椭圆的长轴或短轴

指定另一条半轴长度或[旋转(R)]:**单击一点**   // 输入另一条半轴的长度或在绘图区
　　　　　　　　　　　　　　　　　　　　　　　　　 内单击一点确定

指定起始角度或[参数(P)]:**30** ↙   // 如果先画长轴,则长轴的端点处为角
　　　　　　　　　　　　　　　　　　　　　　 度度量的零点,沿逆时针方向为正。
　　　　　　　　　　　　　　　　　　　　　　 如果先画短轴,则从绘制短轴开始的
　　　　　　　　　　　　　　　　　　　　　　 端点沿逆时针方向首先遇到的长轴
　　　　　　　　　　　　　　　　　　　　　　 的端点为角度度量的零点

指定终止角度或[参数(P)/包含角度(I)]:**60** ↙   // 终止角度的算法同上

② 利用绘制"椭圆弧"命令绘制椭圆弧。

绘图方法:单击"绘图"工具栏上 ⟳ 按钮,后续步骤与绘制椭圆相同(略)。

提示、注意、技巧

1. 绘制倒角矩形时,当输入的倒角距离大于矩形的边长时,角不会生成。

2. 绘制圆角矩形时,当输入的圆角半径大于矩形边长时,圆角不会生成。

3. "矩形"命令具有继承性,当绘制矩形时设置的各项参数始终起作用,直至修改该参数或重新启动 AutoCAD。因此在绘制矩形时,当输入"矩形"命令后,应该特别注意命令提示行的命令状态。如绘制完图 3-20 后,再执行绘制"矩形"命令,命令提示行会出现如下提示:

当前矩形模式:圆角＝30.0000

这说明再绘制矩形仍然会有半径为 30 的圆角出现,如果要绘制其他样式的矩形,必须对"矩形"命令选项中的各参数进行修改。

4. 绘制的矩形是一条多段线,编辑时是一个整体,可以通过"分解"命令使之分解成单条线段。此内容将在随后的章节中介绍。

3.7　绘制平面图形实例 7——分解、偏移、修剪

任务:在图 3-23 基础上绘制如图 3-24 所示图形。

目的:通过绘制此图形,学习"分解""偏移""修剪"命令及其应用。

绘图步骤分解:

图形的绘制过程如图 3-25 所示。

1. 绘制矩形

利用"矩形"命令,绘制长为 20、宽为 9 的矩形。

微　课

分解、偏移、
修剪命令的应用

2. 绘制椭圆

利用"椭圆"命令,绘制长轴为 23、短轴为 15 的椭圆。

3. 将矩形分解

系统将所绘制的矩形作为一个整体来处理,要想修改其中某个元素,应先对矩形进行分解。

```
修改工具栏: 
下拉菜单:[修改][分解]
命令窗口:EXPLODE ↙
```

AutoCAD 提示:

命令:_explode

选择对象:**选择矩形**　　　　　　　　　//选择要分解的图形

选择对象:↙　　　　　　　　　　　　　//回车结束对象的选择

矩形被分解为四条直线段。

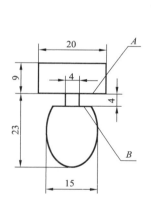

图 3-24　平面图形(实例 7)

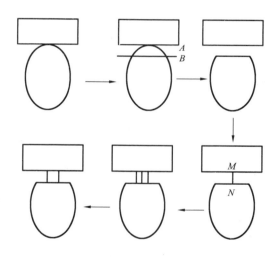

图 3-25　图形的绘制过程

4. 利用"偏移"命令绘制直线

```
修改工具栏: 
下拉菜单:[修改][偏移]
命令窗口:OFFSET(O)↙
```

AutoCAD 提示:

命令:_offset

指定偏移距离或[通过(T)/删除(E)/图层(L)]<通过>:**4** ↙　　//输入两直线的距离

选择要偏移的对象或 <退出>:**选择矩形的底边直线 A**

　　　　　　　　　　　　　　　　　　//选择用来作为平移的已知直线

指定点以确定偏移所在一侧:**将光标移到直线 A 的下方单击**

　　　　　　　　　　　　　　　　　　　// 指向直线偏移的方向
选择要偏移的对象或＜退出＞：↙　　　// 回车结束偏移命令

5.利用"修剪"命令修剪直线与圆弧

修改工具栏：⊬

下拉菜单：[修改][修剪]

命令窗口：TRIM(TR)↙

AutoCAD 提示：

命令：_trim

当前设置：投影＝UCS,边＝无　　　　　　// 提示当前设置

选择剪切边…　　　　　　　　　　　　// 提示以下的选择对象作为剪切线

选择对象或＜全部选择＞：**单击直线 B。**找到 1 个// 直线作为修剪边界

选择对象：**单击椭圆。**找到 1 个,总计 2 个　// 椭圆作为修剪边界

选择对象：↙　　　　　　　　　　　　// 回车结束剪切线的选择

拾取要修剪的对象或按住 Shift 键选择要延伸的对象,或[栏选(F)/窗交(C)/投影(P)/边(E)/删除(R)/放弃(U)]:**选择直线与椭圆被剪部分**

拾取要修剪的对象或按住 Shift 键选择要延伸的对象,或[栏选(F)/窗交(C)/投影(P)/边(E)/删除(R)/放弃(U)]:↙　　　　　// 回车结束"修剪"命令

6.绘制直线 MN

利用"直线"命令绘制直线 MN。

7.绘制与 MN 距离相等的两直线

利用"偏移"命令绘制与 MN 距离相等的两直线。

输入"偏移"命令,AutoCAD 提示：

命令：_offset

当前设置:删除源＝否　图层＝源　OFFSETGAPTYPE＝0

指定偏移距离或[通过(T)/删除(E)/图层(L)]＜4.0000＞:**2**↙

选择要偏移的对象,或[退出(E)/放弃(U)]＜退出＞:**选择 MN**

指定要偏移的那一侧上的点,或[退出(E)/多个(M)/放弃(U)]＜退出＞:**在 MN 的左侧单击**

选择要偏移的对象,或[退出(E)/放弃(U)]＜退出＞:**选择 MN**

指定要偏移的那一侧上的点,或[退出(E)/多个(M)/放弃(U)]＜退出＞:**在 MN 的右侧单击**

选择要偏移的对象,或[退出(E)/放弃(U)]＜退出＞:↙　　// 回车结束"偏移"命令

8.删除直线 MN

图形绘制完成。

补充知识

1. 有关"偏移"命令的补充知识

(1)"偏移"命令用于偏移复制线性实体,得到原有实体的平行实体。如图 3-26 所示。

图 3-26　"偏移"命令的应用

(2)当输入"偏移"命令时,AutoCAD 提示如下:

指定偏移距离或[通过(T)]<4.0000>:

如果选择[通过(T)],则下一步输入偏移实体的通过点。如图 3-27 所示,已知直线 AB 及一圆,过圆心 O 作一条直线与 AB 平行,且与 AB 相等。

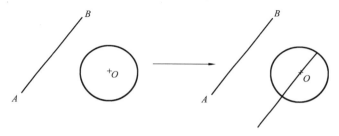

图 3-27　通过已知点的偏移

作图步骤如下:

输入"偏移"命令,AutoCAD 提示:

命令:_offset

当前设置:删除源=否　图层=源　OFFSETGAPTYPE=0

指定偏移距离或[通过(T)]<10.0000>:**T**↙　　　　　//当不知道偏移距离,而直线偏移
　　　　　　　　　　　　　　　　　　　　　　　　后通过的点为已知时,选择此项

选择要偏移的对象,或[退出(E)/放弃(U)]<退出>:**单击直线 AB**
　　　　　　　　　　　　　　　　　　　//选择要偏移的直线 AB

指定通过点或[退出(E)/多个(M)/放弃(U)]<退出>:**<对象捕捉 开>捕捉圆心 O 点**
　　　　　　　　　　　　　　　　　　　//得到偏移后的直线

选择要偏移的对象,或[退出(E)/放弃(U)]<退出>:↙　//回车结束"偏移"命令

图形绘制完成。

2. 有关"修剪"命令的补充知识

绘图时经常需要修剪图形,将实体的多余部分除去,如图 3-28 所示,"修剪"命令可完成此项功能,为作图提供了方便。

使用"修剪"命令时"[栏选(F)/窗交(C)/投影(P)/边(E)/删除(R)/放弃(U)]"提示中"边(E)"选项的含义如下:

输入 E,出现下列提示:

输入隐含边延伸模式[延伸(E)/不延伸(N)]<不延伸>:

　　其中有两个选项可供选择,一个是延伸剪切边界,另一个是不延伸剪切边界。当剪切线和被剪切线相交时,两者没有区别,当剪切线与被剪切线不相交时,两者才有区别。选择[不延伸(N)]将不能剪切。如图 3-29 所示,图中有一条直线和两个圆,选择直线作为剪切边界。图 E 是选择[延伸(E)]的情况,图 N 是选择[不延伸(N)]的情况。

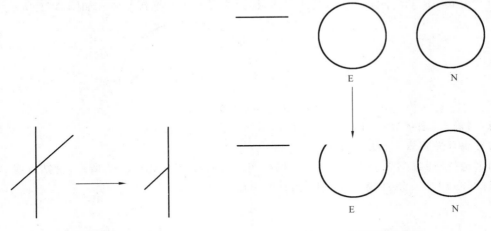

图 3-28　"修剪"命令的应用　　　　　　　　　图 3-29　边界选项的应用

提示、注意、技巧

　　1."偏移"命令在选择实体时,每次只能选择一个实体。

　　2."偏移"命令中的偏移距离,默认上次输入的值,所以在执行该命令时,一定要先看一看所给定的偏移距离是否正确,是否需要进行调整。

　　3."偏移"命令不仅可以用于偏移直线,而且可用于偏移圆、椭圆、正多边形、矩形,生成上述实体的同心结构。

　　4.修剪图形时最后的一段或单独的一段是无法剪掉的,但可以用"删除"命令删除。

　　5.在使用"修剪"命令时,可以选中所有参与修剪的实体作为修剪边,让它们互为剪刀。

3.8　绘制平面图形实例 8——正多边形

　　任务:绘制正六边形,分三种情况绘制。第一种正六边形的边长已知为 15;第二种正六边形内接于一个直径为 30 的圆;第三种正六边形外切于一个直径为 30 的圆,如图 3-30 所示。

　　目的:通过此图形,学习绘制正多边形的方法。

　　绘图步骤分解:

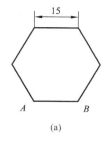 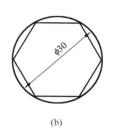 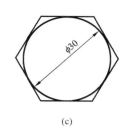

(a)　　　　　　　　　　(b)　　　　　　　　　　(c)

图 3-30　平面图形(实例 8)

1. 绘制边长为 15 的正六边形

> 绘图工具栏：⬠
>
> 下拉菜单：[绘图][多边形]
>
> 命令窗口：POLYGON (POL)↵

输入"多边形"命令后,AutoCAD 提示：

命令：_polygon

输入侧面数<4>：**6** ↵　　　　　　　　　// 多边形的边数为 6

指定正多边形的中心点或[边(E)]：**E** ↵　　// 已知多边形的边长时,选择边(E)

指定边的第一个端点：**单击绘图区内一点 A**　// A 为多边形的一个顶点

指定边的第二个端点：**<正交　开> 15** ↵　// 打开正交模式,将光标拖向右方,输
　　　　　　　　　　　　　　　　　　　　　　　　入边长值 15

2. 绘制已知圆的内接六边形

输入"多边形"命令,AutoCAD 提示：

命令：_polygon

输入侧面数<6>：↵　　　　　　　　　　　// 取系统的默认值时,可直接回车

指定正多边形的中心点或[边(E)]：**<对象捕捉　开>捕捉圆心位置**

　　　　　　　　　　　　　　　　　　　　　// 已知圆的圆心即此正六边形的中心

输入选项[内接于圆(I)/外切于圆(C)]<I>：↵

　　　　　　// 此多边形内接于圆,故此时取系统的默认值<I>,也可在动态输入下选择

指定圆的半径：**15** ↵　　　　　　　　　　// 圆的半径为 15

3. 绘制已知圆的外切六边形

输入"多边形"命令,AutoCAD 提示：

命令：_polygon

输入侧面数<6>：↵

指定正多边形的中心点或[边(E)]：**捕捉圆心**

输入选项[内接于圆(I)/外切于圆(C)]<I>：**C** ↵　// 此多边形外切于圆,故取外切于圆(C)

指定圆的半径：**15** ↵　　　　　　　　　　// 圆的半径为 15

图形绘制完成。

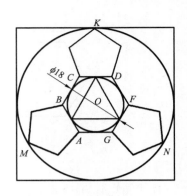

图 3-31   正多边形的绘制

补充知识

"多边形"命令除了可以用于绘制正六边形,还可以绘制正 3～1 024 边形。

例:绘制如图 3-31 所示图形,此图形内包含正三边形、正四边形、正五边形和正六边形。

绘图步骤分解:

1.绘制直径为 18 的圆

2.绘制圆内接正三角形

输入"多边形"命令,AutoCAD 提示:

命令:_polygon

输入侧面数<6>:**3** ↙

指定正多边形的中心点或[边(E)]:**捕捉圆心 O 点**   //圆心 O 即正三角形的中心

输入选项[内接于圆(I)/外切于圆(C)]<C>:**I** ↙   //此正三角形内接于圆

指定圆的半径:**9** ↙   //圆的半径为 9

3.绘制圆外切正六边形

输入"多边形"命令,AutoCAD 提示:

命令:_polygon

输入侧面数 <3>:**6** ↙

指定正多边形的中心点或[边(E)]:**捕捉圆心 O 点**

输入选项[内接于圆(I)/外切于圆(C)]<I>:**C** ↙   //此六边形外切于圆

指定圆的半径:**9** ↙   //圆的半径为 9

4.绘制指定边长的正五边形

输入"多边形"命令,AutoCAD 提示:

命令:_polygon

输入侧面数 <6>:**5** ↙

指定正多边形的中心点或[边(E)]:**E** ↙

指定边的第一个端点:**捕捉正六边形上点 A**

指定边的第二个端点:**捕捉正六边形上点 B**

同理绘制出另外两个正五边形。

5.绘制过 K、M、N 三点的圆

输入"圆"命令,AutoCAD 提示:

命令:_circle

指定圆的圆心或[三点(3P)/两点(2P)/相切、相切、半径(T)]:**捕捉 O 点作为圆的圆心**

指定圆的半径或[直径(D)]<9.0000>:**捕捉 K、M、N 三点中的一个点**

//O 点与该点的连线即此圆的半径

6.绘制大圆的外切正四边形

输入"多边形"命令,AutoCAD 提示:

命令：_polygon

输入侧面数＜5＞:**4**↙

指定正多边形的中心点或[边(E)]:**捕捉 O 点作为正多边形的中心**

输入选项[内接于圆(I)/外切于圆(C)]＜C＞:↙　　//此正四边形外切于圆

指定圆的半径:**捕捉圆上 K、M、N 三点中某一点**　　//O 点与该点的连线即此圆的半径

图形绘制完成。

提示、注意、技巧

　　1.如果已知正多边形中心与每条边端点之间的距离,就选择"内接于圆"。

　　2.如果已知正多边形中心与每条边中点之间的距离,就选择"外切于圆"。

　　3.当所绘制的正多边形水平放置时,可直接输入内接或外切多边形的半径;当所绘制的正多边形不是水平放置时,则控制点用相对极坐标确定比较方便。

　　4.绘制的正多边形是一条多段线,编辑时是一个整体,可以通过"分解"命令使之分解成单个的线段,此内容将在后面的章节中介绍。

3.9　绘制平面图形实例 9——倒角与倒圆角

任务:绘制如图 3-32 所示图形。

目的:通过绘制此图形,学习"倒角"、"倒圆角"命令及其应用。

绘图步骤分解:

1.绘制矩形

利用"直线"命令,绘制长为 60、宽为 40 的矩形。

2.对矩形倒角

(1)对矩形的左上角倒角

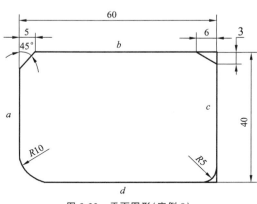

图 3-32　平面图形(实例 9)

| 修改工具栏: |
| 下拉菜单:[修改][倒角] |
| 命令窗口:CHAMFER(CHA)↙ |

输入"倒角"命令后,AutoCAD 提示:

命令:_chamfer

("修剪"模式)当前倒角距离 1＝6.0000,距离 2＝3.0000

　　　　　　　　　　　　//提示当前所处的倒角模式及数值

选择第一条直线或[放弃(U)/多段线(P)/距离(D)/角度(A)/修剪(T)/方式(E)/多个(M)]:**A** ✓　　　　　　　　　　//选择角度方式输入倒角值

　　指定第一条直线的倒角长度<5.0000>:**5** ✓　//第一条直线的倒角长度为5

　　指定第一条直线的倒角角度<45>:✓　　　　//倒角斜线与第一条直线的夹角为45°

　　选择第一条直线或[放弃(U)/多段线(P)/距离(D)/角度(A)/修剪(T)/方式(E)/多个(M)]:**选择直线 *b***

　　选择第二条直线,或按住 Shift 键选择直线以应用角点或[距离(D)/角度(A)/方法(M)]:
选择直线 *a*　　　　　　　　　　//完成倒角绘制

(2)对矩形的右上角倒角

输入"倒角"命令,AutoCAD 提示:

命令:_chamfer

("修剪"模式)当前倒角长度 = 5.0000,角度 = 45

　　　　　　　　　　　　　　　　　//提示当前所处的倒角模式及数值

　　选择第一条直线或[放弃(U)/多段线(P)/距离(D)/角度(A)/修剪(T)/方式(E)/多个(M)]:**T** ✓　　　　　　　　　　//当前模式为"修剪"模式,根据图中尺寸,
　　　　　　　　　　　　　　　　　应对其进行修改

　　输入修剪模式选项[修剪(T)/不修剪(N)]<修剪>:**N** ✓
　　　　　　　　　　　　　　　　　//更改"修剪"模式为"不修剪"

　　选择第一条直线或[放弃(U)/多段线(P)/距离(D)/角度(A)/修剪(T)/方式(E)/多个(M)]:**D** ✓　　　　　　　　　　//根据已知条件,选择距离(D)方式输入
　　　　　　　　　　　　　　　　　距离

　　指定第一个倒角距离<6.0000>:✓　　　//第一个倒角距离为6,取系统默认值,直
　　　　　　　　　　　　　　　　　接回车

　　指定第二个倒角距离<2.0000>:**3** ✓　//第二个倒角距离为3

　　选择第一条直线或[放弃(U)/多段线(P)/距离(D)/角度(A)/修剪(T)/方式(E)/多个(M)]:**选择直线 *b***

　　选择第二条直线,或按住 Shift 键选择直线以应用角点或[距离(D)/角度(A)/方法(M)]:
选择直线 *c*　　　　　　　　　　//完成倒角绘制

3.对矩形倒圆角

修改工具栏:

下拉菜单:[修改][圆角]

命令窗口:FILLET(F)✓

(1)对矩形的左下角倒圆角

输入"倒圆角"命令,AutoCAD 提示:

命令:_fillet

当前设置:模式 = 不修剪,半径 = 5.0000　　//提示当前所处的倒角模式及倒角半径值

选择第一个对象或[放弃(U)/多段线(P)/半径(R)/修剪(T)/多个(M)]:**T** ✓

　　　　　　　　　　　　　　　//根据已知条件,需要修改倒角模式

输入修剪模式选项[修剪(T)/不修剪(N)]＜不修剪＞:T↙
　　　　　　　　　　　　//根据已知条件,将倒角模式改成"修剪"
　　　　　　　　　　　　　模式
选择第一个对象或[放弃(U)/多段线(P)/半径(R)/修剪(T)/多个(M)]:R↙
　　　　　　　　　　　　//查看圆角的半径值
指定圆角半径＜5.0000＞:10↙　　　//此时默认值为5,重新输入半径值10
选择第一个对象或[放弃(U)/多段线(P)/半径(R)/修剪(T)/多个(M)]:**选择直线 a**
选择第二个对象,或按住Shift键选择对象以应用角点或[半径(R)]:**选择直线 d**
　　　　　　　　　　　　//完成圆角绘制

(2)对矩形的右下角倒圆角

输入"倒圆角"命令,AutoCAD 提示:
命令:_fillet
当前设置:模式＝修剪,半径＝10.0000　　//提示当前所处的倒角模式及倒角半径值
选择第一个对象或[放弃(U)/多段线(P)/半径(R)/修剪(T)/多个(M)]:T↙
　　　　　　　　　　　　//由当前设置可知模式为修剪模式,不满
　　　　　　　　　　　　　足已知条件,需对其进行修改
输入修剪模式选项[修剪(T)/不修剪(N)]＜修剪＞:N↙
　　　　　　　　　　　　//将模式改为不修剪模式
选择第一个对象或[放弃(U)/多段线(P)/半径(R)/修剪(T)/多个(M)]:R↙
　　　　　　　　　　　　//查看圆角半径值
指定圆角半径＜10.0000＞:5↙　　　//默认值为10,重新输入半径值5
选择第一个对象或[放弃(U)/多段线(P)/半径(R)/修剪(T)/多个(M)]:**选择直线 c**
选择第二个对象,或按住Shift键选择对象以应用角点或[半径(R)]:**选择直线 d**
　　　　　　　　　　　　//完成圆角绘制
图形绘制完成。

补充知识

1.有关"倒角"命令的总结与补充

(1)倒角的方式
①通过指定距离倒角
绘图步骤见图3-32中矩形的右上角的绘制过程。
②通过指定长度和角度倒角
绘图步骤见图3-32中矩形的左上角的绘制过程。
③对多段线倒角
如图3-33(a)所示,绘图步骤如下:
输入"倒角"命令,AutoCAD 提示:
命令:_chamfer
("修剪"模式)当前倒角距离1＝3.0000,距离2＝3.0000
　　　　　　　　　　　　//提示当前倒角模式,取此默认值

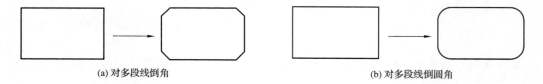

(a) 对多段线倒角   (b) 对多段线倒圆角

图 3-33   对多段线倒角和倒圆角

选择第一条直线或[放弃(U)/多段线(P)/距离(D)/角度(A)/修剪(T)/方式(E)/多个(M)]:**P** ↙   //要对矩形倒角,矩形属于二维多段线,故选择多段线(P)

选择二维多段线或[距离(D)/角度(A)/方法(M)]:**单击矩形,选择此矩形**

//四条直线已被倒角,矩形倒角完成

(2)"倒角"命令选项"方式(E)"的含义

方式(E):设定修剪方法为距离或角度。

2.有关"倒圆角"命令的补充知识

与"倒角"命令相同,"倒圆角"命令也可应用于多段线。如图 3-33(b)所示,绘图步骤如下:

输入"倒圆角"命令,AutoCAD 提示:

命令:_fillet

当前设置:模式 = 修剪,半径 = 0.0000   //提示当前"倒圆角"模式及圆角半径值

选择第一个对象或[放弃(U)/多段线(P)/半径(R)/修剪(T)/多个(M)]:**R** ↙

//系统此时默认的半径值为 0,需对它进行修改

指定圆角半径<0.0000>:**5** ↙   //输入圆角半径值为 5

选择第一个对象或[放弃(U)/多段线(P)/半径(R)/修剪(T)/多个(M)]:**P** ↙

//选择多段线选项

选择二维多段线或[半径(R)]:**单击矩形,选择此矩形**

//四条直线已被倒圆角,图形倒圆角完成

提示、注意、技巧

1."倒角""倒圆角"命令中的距离值,圆角半径值,以及"倒角""倒圆角"模式总是默认与上次操作相同,所以在执行该命令时,一定要先看一看所给定的各项参数是否正确,是否需要进行调整。

2.执行"倒角"命令时,当两个倒角距离不同的时候,要注意两条线的选中顺序。

3.如图 3-34 所示,如果将图 3-34(a)变为图 3-34(b),使原来不平行的两条直线相交,可对其倒圆角,半径为 0。

4.当圆角半径大于某一边时,圆角不能生成。

5."倒圆角"命令可以应用圆弧连接,如图 3-35 所示,用 $R10$ 的圆弧把图 3-35(a)中两条直线连接起来变为图 3-35(b),可用"倒圆角"命令。

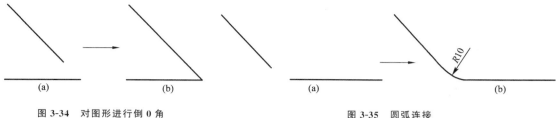

图 3-34　对图形进行倒 0 角　　　　　　　　　图 3-35　圆弧连接

3.10　绘制平面图形实例 10——旋转

任务:绘制如图 3-36 所示图形。

目的:通过绘制此图形,学习"旋转"命令及其应用。

绘图步骤分解:

1. 绘制矩形

利用"直线"命令,绘制长为 40、宽为 20 的矩形,如图 3-37(a)所示。

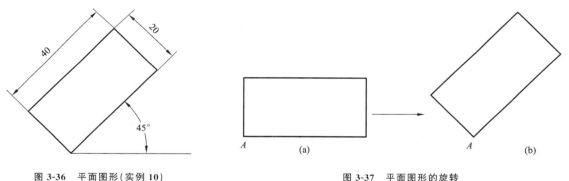

图 3-36　平面图形(实例 10)　　　　　　　　　图 3-37　平面图形的旋转

2. 对矩形进行旋转

修改工具栏:↻
下拉菜单:[修改][旋转]
命令窗口:ROTATE(RO) ↵

输入"旋转"命令后,AutoCAD 提示:

命令:_rotate

UCS 当前的正角方向:ANGDIR＝逆时针　　ANGBASE＝0

　　　　　　　　　　　　　　　　　　　　// 提示当前相关设置

选择对象:选择刚绘制的图 3-37(a)所示的矩形

指定对角点:找到 4 个　　　　　　　　　// 选择要旋转的矩形

选择对象:↵　　　　　　　　　　　　　　// 回车结束选择

指定基点:＜对象捕捉 开＞捕捉矩形的 **A** 点　// 指定旋转过程中保持不动的点

指定旋转角度,或[复制(C)/参照(R)]:**45** ↵　// 图形绕 A 点沿逆时针方向旋转 45°

图形由图 3-37(a)变成图 3-37(b),完成图形的绘制。

补充知识

"旋转"命令的两种绘图方式：

1. 直接输入角度

绘图步骤参照图 3-37 所示图形的绘制过程。

2. 参照旋转

(1)将已知图形旋转到给定的位置

将图 3-38(a)中矩形经过旋转变成图 3-38(b)所示的形式。

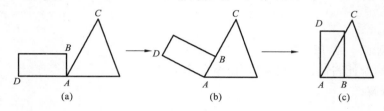

图 3-38　使用参照进行旋转

输入"旋转"命令，AutoCAD 提示：

命令：_rotate

UCS 当前的正角方向：ANGDIR＝逆时针　　ANGBASE＝0

　　　　　　　　　　　　　　　　　　　　//提示当前相关设置

选择对象：**选择矩形**　　　　　　　　　//选择要旋转的矩形

指定对角点：找到 1 个

选择对象：↙　　　　　　　　　　　　　//回车结束对图形的选择

指定基点：**＜对象捕捉 开＞捕捉 A 点**　　//选择不动的点 A

指定旋转角度，或［复制(C)/参照(R)］：**R**↙　//旋转角度不能直接确定，此时可选
　　　　　　　　　　　　　　　　　　　　择参照旋转法来进行旋转

指定参照角 ＜0＞：**捕捉矩形的 A 点**

指定第二点：**捕捉矩形的 B 点**

指定新角度或［点(P)］＜0＞：**捕捉三角形的 C 点**

(2)将已知图形旋转到给定的角度

将图 3-38(b)中矩形经过旋转变成图 3-38(c)所示的形式。

输入"旋转"命令，AutoCAD 提示：

命令：_rotate

UCS 当前的正角方向：ANGDIR＝逆时针　　ANGBASE＝0

　　　　　　　　　　　　　　　　　　　　//提示当前相关设置

选择对象：**选择矩形。**找到 1 个　　　　　//选择要旋转的矩形

选择对象：↙　　　　　　　　　　　　　//回车结束对图形的选择

指定基点：**捕捉 A 点**　　　　　　　　//选择不动的点 A

指定旋转角度，或［复制(C)/参照(R)］：**R**↙　//旋转角度不能直接确定，此时可选
　　　　　　　　　　　　　　　　　　　　参照旋转法来进行旋转

指定参照角 <0>:**捕捉矩形的 A 点**

指定第二点:**捕捉矩形的 D 点**

指定新角度或[点(P)]<0>:**90** ↙　　　　　　　　// 将 AD 旋转到与 X 轴正向呈 90°

图形绘制完成。

提示、注意、技巧

1.当使用角度旋转时,旋转角度有正负之分,沿逆时针方向为正值,沿顺时针方向为负值。

2.使用参照旋转时,当出现最后一个提示"指定新角度:"时,可直接输入要旋转的角度,X 轴正向为 0°。

3.11 绘制平面图形实例 11——比例缩放

任务:将图 3-39(a)所示的矩形放大 2 倍,变成图 3-39(b)所示的矩形,再将图 3-39(b)所示的矩形经过缩放,变为图 3-39(c)所示的矩形。在变换过程中,图形的长宽比保持不变。

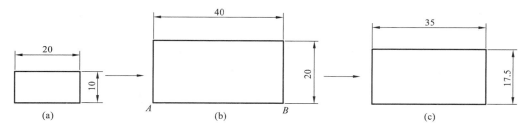

图 3-39　平面图形(实例 11)

目的:通过绘制此图形,学习"比例缩放"命令及其应用。

绘图步骤分解:

1.绘制矩形

利用"矩形"命令,绘制长为 20、宽为 10 的矩形,如图 3-39(a)所示。

2.利用比例因子对矩形进行缩放

修改工具栏:□

下拉菜单:[修改][缩放]

命令窗口:SCALE(SC)↙

输入"缩放"命令后,AutoCAD 提示:

命令:_scale

选择对象:**选择矩形**。找到 1 个

选择对象:↙　　　　　　　　　　　　　　// 回车结束对象选择

指定基点：**捕捉矩形上不动的点**　　　　　　　 ∥此例可任指定一点，如矩形的左下
　　　　　　　　　　　　　　　　　　　　　　　 角点

指定比例因子或[复制（C）/参照（R）]：**2** ↙　　∥输入比例因子

图形由图 3-39（a）变成图 3-39（b），完成图形的绘制。

3. 利用参照对矩形进行缩放

输入"缩放"命令，AutoCAD 提示：

命令：_scale

选择对象：**选择矩形。找到 1 个**　　　　　　　 ∥选择要进行缩放的矩形

选择对象：↙　　　　　　　　　　　　　　　　　∥回车结束对象选择

指定基点：**捕捉矩形上点 A**　　　　　　　　　 ∥捕捉缩放过程中不变的点

指定比例因子或[复制（C）/参照（R）]：**R** ↙　∥比例因子没有直接给出，但缩放后的实
　　　　　　　　　　　　　　　　　　　　　　　 体长度已知，可选择参照（R）

指定参照长度 <1.000>：**捕捉 A 点**

指定第二点：**捕捉 B 点**

指定新的长度或[点（P）]<1.000>：**35** ↙　　∥根据已知条件，将线段 AB 长度变为 35

图 3-39（b）变为图 3-39（c），图形绘制完成。

提示、注意、技巧

　　1. 比例缩放真正改变了图形的大小，和图形显示中缩放（ZOOM）命令的缩放不
同，ZOOM 命令只改变图形在屏幕上的显示大小，图形本身大小没有任何变化。

　　2. 采用比例因子缩放时，比例因子为 1 时，图形大小不变；小于 1 时，图形将缩
小；大于 1 时，图形将放大。

3.12　绘制平面图形实例 12——打断及图层设置

任务：绘制如图 3-40（a）所示的平面图形。

目的：通过绘制此图形，学习"打断"命令及其应用，并了解线型的设置等内容。

绘图步骤分解：

1. 绘制基本平面图形

根据已知图形尺寸，利用"矩形"、"圆"、"直线"和"偏移"等命令，绘制如图 3-40（b）所示的
图形。

2. 将图 3-40（b）经过编辑变为图 3-40（c）所示图形

（1）将大圆在 AB 处断开

此过程用"打断"命令来完成，步骤如下：

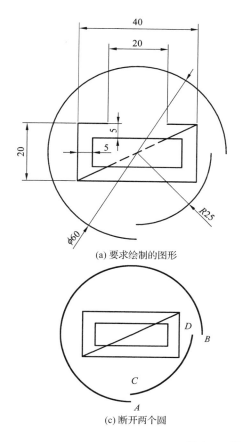

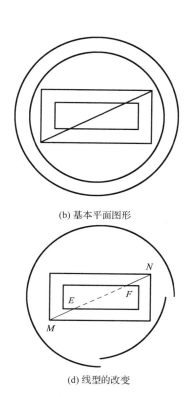

图 3-40　平面图形（实例 12）

修改工具栏：⬜

下拉菜单：[修改] [打断]

命令窗口：BREAK(BR)↙

输入"打断"命令后，AutoCAD 提示：

命令：_break

选择对象：<对象捕捉 开>捕捉大圆上的象限点 A

　　　　　　　　　　　　　　//选择大圆并将"对象捕捉"功能打开，直接
　　　　　　　　　　　　　　　　选择大圆上的象限点作为第一个打断点

指定第二个打断点或[第一点(F)]：捕捉大圆上的象限点 B

　　　　　　　　　　　　　　//B 点作为第二个打断点。大圆在 AB 处
　　　　　　　　　　　　　　　　断开

(2)将小圆在 CD 处断开

输入"打断"命令，AutoCAD 提示：

命令：_break

选择对象：在小圆上任意一点处单击　　　　//选择小圆

指定第二个打断点或[第一点(F)]：F↙　　　//选择对象时所单击的点不作为第一个打断
　　　　　　　　　　　　　　　　　　　　　　　　点时，选择此项

指定第一个打断点:**捕捉小圆上的象限点 D** //D 点作为第一个打断点

指定第二个打断点:**捕捉小圆上的象限点 C** //C 点作为第二个打断点。小圆在 CD 的上
部分断开

3. 将直线 MN 的一部分线段 EF 变为虚线[图 3-40(d)]

(1)将直线 MN 分别在 E 点、F 点处断开

步骤如下:

修改工具栏:⊏⁻

输入"打断于点"命令后,AutoCAD 提示:

命令:_break

选择对象:**选择直线 MN** //选择要打断的对象

指定第二个打断点或[第一点(F)]:_f

指定第一个打断点:**捕捉 E 点** //捕捉打断点的位置

指定第二个打断点:**@** //直线在点 E 处断开

同理将直线在点 F 处断开。

(2)将线段 EF 变为虚线

工程图中包括不同的线型,可利用图层来进行设置,可将不同的线型设置在不同的图层
上。默认情况下,AutoCAD 自动创建一个图层名为"0"的图层。

将直线 EF 变为虚线步骤如下:

①创建新图层,可采用以下操作方法:

图层工具栏:🖇 → 🎄

下拉菜单:[格式][图层]

命令窗口:LAYER↙

打开"图层特性管理器"选项板,如图 3-41 所示。

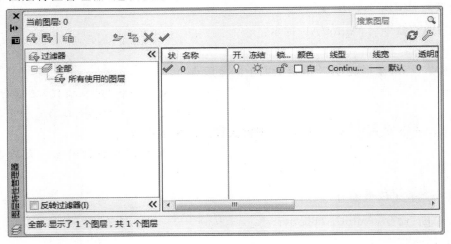

图 3-41 "图层特性管理器"选项板

②单击"新建图层"按钮 🎄,这时在图层列表中出现一个名为"图层 1"的新图层。用户可
以为其输入新的图层名,如"虚线层",以表示建立一个名为"虚线层"的新图层。为便于区分图

形中的元素,要为新建图层设置不同的颜色。为此,可直接在"图层特性管理器"选项板中单击图层列表中该图层所在行的颜色块,此时系统将弹出"选择颜色"对话框,如图3-42(a)所示。单击所要选择的颜色如绿色,再单击"确定"按钮即可。

　　③设置线型。默认情况下,图层的线型为Continuous(连续线型),改变线型的方法为:在图层列表中单击相应的线型名如"Continuous",弹出"选择线型"对话框,如图3-42(b)所示。在弹出的"选择线型"对话框中单击"加载"按钮,打开"加载或重载线型"对话框,从当前线型库中选择需要加载的线型(如HIDDEN),即可选择虚线,如图3-42(c)所示。单击"确定"按钮,该线型即被加载到"选择线型"对话框中,选择虚线线型,单击"确定"按钮,回到"图层特性管理器"选项板。如果要一次加载多种线型,在选择线型时可按下 Shift 键或 Ctrl 键进行连续选择或多项选择。当线型改变后,新建立的线型将继承前一线型的特性。

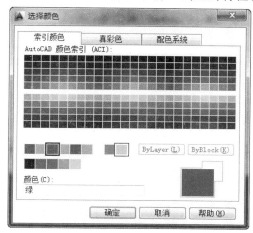

(a)"选择颜色"对话框

(b)"选择线型"对话框

(c)"加载或重载线型"对话框

图 3-42　颜色设置和加载线型

　　④关闭"图层特性管理器"选项板。

　　⑤将直线 EF 变到虚线层上,使之变为虚线。选择直线 EF 后,单击"图层控制"工具栏中的空白处或"图层控制"按钮,将其展开,选择虚线层并单击"将对象的图层置为当前"按钮,将其置为当前图层,则实线变为虚线。

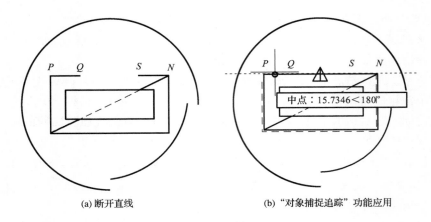

(a) 断开直线   (b) "对象捕捉追踪" 功能应用

图 3-43   断开直线及对象捕捉追踪功能应用

4. 将直线 PN 在 QS 处断开, 尺寸由已知条件确定[图 3-43(a)]

作图步骤如下:

输入"打断"命令, AutoCAD 提示:

命令: _break

选择对象: **单击直线 PN**   // 选择要打断的直线

指定第二个打断点或[第一点(F)]: **F** ↙// 选择对象时所单击的点不作为第一个打断点

时, 选择此选项

指定第一个打断点: **<对象捕捉 开><对象捕捉追踪 开>10** ↙

// 利用"对象捕捉追踪"功能捕捉 Q 点。方法为首先将对象捕捉

模式设置为中点捕捉, 选中状态栏上的"对象捕捉"和"对象捕捉追踪"按钮, 使其高亮显示。

然后输入"打断"命令, 当提示"指定第一个打断点:"时, 将光标移到直线 PN

的中点, 当出现中点标记时将光标移到中点的左方, 如图 3-43(b)所示, 此时

根据已知条件输入数值 10, 找到第一个打断点 Q

指定第二个打断点: **10** ↙   // 同理利用"对象捕捉追踪"功能捕捉 S 点。直线

PN 在 QS 处断开

图形绘制完成。

提示、注意、技巧

1. 对圆和椭圆执行"打断"命令时, 拾取点的顺序很重要, 因为打断总是沿逆时针

方向, 是从选择的第一点沿逆时针方向到第二点所对应的部分消失。

2. 一个完整的圆或椭圆不能在同一点被打断。

3.13   绘制平面图形实例 13——图层应用

任务: 绘制如图 3-44 所示的平面图形。

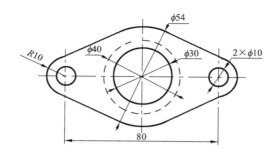

图 3-44　平面图形(实例 13)

目的:通过绘制此图形,进一步掌握图层、线型、线宽和颜色的设置方法。

绘图步骤分解:

1. 建立图层

(1)单击"图层"工具栏上的"图层特性管理器"按钮 ,打开"图层特性管理器"选项板。

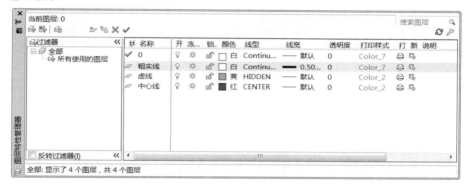

图 3-45　建立图层

(2)单击"新建图层"按钮 ,将"图层 1"改为"中心线"。单击该层中对应颜色的"白色"位置,在"选择颜色"对话框中选择"红色"作为中心线的颜色,线宽为默认。单击"中心线"层对应的"线型",会出现"选择线型"对话框。单击"加载"按钮,在"加载或重载线型"对话框中选中"CENTER"线型,单击"确定"按钮,回到"选择线型"对话框,再选择"CENTER"线型,单击"确定"按钮。

(3)以同样的方法建立其他各图层,分别为"粗实线"和"虚线"层,其属性如图 3-45 所示。"粗实线"层的线宽设置为 0.50 mm,其他为默认值(系统默认线宽为 0.25 mm)。

2. 绘制中心定位线及各圆

(1)选择"中心线"层为当前层,绘制中心线,如图 3-46(a)所示。

(2)选中"对象捕捉"按钮,选择"粗实线"层为当前层,以给定的直径或半径绘制各粗实线圆,如图 3-46(b)所示。

利用"对象捕捉"功能,捕捉切点绘制一段切线(直线),再利用"镜像"命令绘制其他段切线,之后利用"修剪"命令进行修剪,如图 3-46(c)所示。

(3)将"虚线"层设置为当前层,绘制虚线圆,如图 3-46(d)所示。

修整图形,完成全部作图。

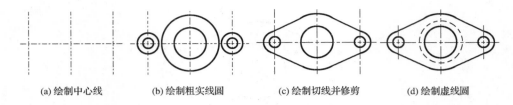

(a) 绘制中心线   (b) 绘制粗实线圆   (c) 绘制切线并修剪   (d) 绘制虚线圆

图 3-46   绘图过程

3.14   绘制平面图形实例 14——延伸、拉伸、拉长

任务：绘制平面图形，如图 3-47(a)所示，再将图形由图 3-47(a)经图 3-47(b)、图 3-47(c)变为如图 3-47(d)所示的图形。

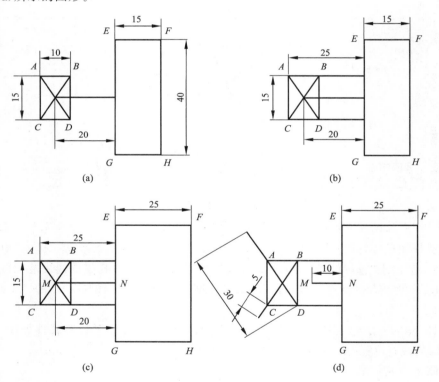

图 3-47   平面图形(实例 14)

目的：通过绘制此图形，学习延伸、拉伸和拉长等内容。

绘图步骤分解：

1. 绘制基本平面图形

根据已知图形尺寸，利用"矩形"、"移动"和"直线"命令，"捕捉"及"对象捕捉追踪"功能绘制图 3-47(a)所示图形。

2. 将图 3-47(a)经过编辑变为如图 3-47(b)所示图形

此过程用"延伸"命令来完成，步骤如下：

修改工具栏：⌐／

下拉菜单：[修改][延伸]

命令窗口：EXTEND(EX)↙

输入"延伸"命令后，AutoCAD 提示：

命令：_extend

当前设置：投影＝无，边＝延伸   //提示当前设置

选择边界的边…   //提示选择作为延伸边界的边

选择对象或<全部选择>：**单击直线 GE。找到 1 个**

                                              //直线 GE 作为延伸边界的边

选择对象：↙   //回车结束边界的选择

选择要延伸的对象，或按住 Shift 键选择要修剪的对象，或[栏选(F)/窗交(C)/投影(P)/
边(E)/放弃(U)]：**单击直线 AB 的右侧**   //AB 为将要延伸的对象

选择要延伸的对象，或按住 Shift 键选择要修剪的对象，或[栏选(F)/窗交(C)/投影(P)/
边(E)/放弃(U)]：**单击直线 CD 的右侧**   //CD 为将要延伸的对象

选择要延伸的对象，或按住 Shift 键选择要修剪的对象，或[栏选(F)/窗交(C)/投影(P)/
边(E)/放弃(U)]：↙   //回车结束延伸命令

结果如图 3-47(b)所示。

3. 将图 3-47(b)经过编辑变为如图 3-47(c)所示图形

此过程用"拉伸"命令来完成，步骤如下：

修改工具栏：□＋

下拉菜单：[修改][拉伸]

命令窗口：STRETCH↙

输入"拉伸"命令后，AutoCAD 提示：

命令：_stretch

以交叉窗口或交叉多边形选择要拉伸的对象…   //提示选择对象的方式

选择对象：**利用交叉窗口选择矩形 EFGH 的 GH、HF、FE 各边**

指定对角点：找到 3 个

选择对象：↙   //回车结束对象选择

指定基点或[位移(D)]<位移>：**单击图形内任意一点** //指定拉伸基点

指定位移的第二个点或 <用第一个点作位移>：**<正交 开> 10**↙

                    //打开正交模式，将光标移向基点的右方，输入距离值 10

结果如图 3-47(c)所示。

4. 将图 3-47(c)经过编辑变为如图 3-47(d)所示图形

(1)将直线 DA 拉长，使该直线的总长变为 30。

此过程用"拉长"命令来完成，步骤如下：

下拉菜单：[修改][拉长]

命令窗口：LENGTHEN(LEN)↙

输入"拉长"命令后，AutoCAD 提示：

命令：_lengthen

选择对象或[增量(DE)/百分数(P)/全部(T)/动态(DY)]：**T**✓　　　　//已知直线变化后的总长，选择此

选项

指定总长度或[角度(A)]<1.0000>：**30**✓　　　　//输入长度值

选择要修改的对象或[放弃(U)]：**单击直线 DA 靠 A 部分**

//选择要拉长的直线

选择要修改的对象或[放弃(U)]：✓　　　　//回车结束对象选择

结果直线 DA 长变为 30。

(2)将直线 BC 拉长，拉长量为 5。

输入"拉长"命令，AutoCAD 提示：

命令：_lengthen

选择对象或[增量(DE)/百分数(P)/全部(T)/动态(DY)]：**DE**✓

//已知直线的增量，选择此选项

输入长度增量或[角度(A)]<0.0000>：**5**✓　　　　//输入增量值为 5

选择要修改的对象或[放弃(U)]：**单击直线 BC 靠下部分**

//选择要拉长的直线

选择要修改的对象或[放弃(U)]：✓　　　　//回车结束对象选择

结果直线 BC 在原来的基础上拉长 5。

(3)将直线 MN 缩短，长度为原来的一半。

输入"拉长"命令，AutoCAD 提示：

命令：_lengthen

选择对象或[增量(DE)/百分数(P)/全部(T)/动态(DY)]：**P**✓

//已知直线变化的百分比，选择此项

输入长度百分数 <100.0000>：**50**✓　　　　//长度变为原来的一半

选择要修改的对象或[放弃(U)]：**单击直线 MN 左侧**　　//选择要变化的直线

选择要修改的对象或[放弃(U)]：✓　　　　//回车结束对象选择

结果直线 MN 在原来的基础上缩短一半。

图形绘制完成。

补充知识

1."延伸"命令中各选项的含义与"修剪"命令相同。

2.使用"拉长"命令时，有如下选项：[增量(DE)/百分数(P)/全部(T)/动态(DY)]，其中"增量(DE)""百分数(P)""全部(T)"选项已在例题中介绍，下面介绍"动态(DY)"选项的含义。

选择"动态(DY)"选项时，可根据需要对直线或圆弧沿原方向任意拉长或缩短。

提示、注意、技巧

　　1.使用"拉伸"命令时,选择对象必须用交叉窗口或交叉多边形选择方式。其中必须选择好端点是否应该包含在被选择的窗口中,如果端点被包含在窗口中,则该点会同时被移动,否则该点不会被移动。

　　2.使用"拉长"命令,延长或缩短时从被选择对象的近距离端开始。

　　3.使用"拉长"命令的"增量(DE)"选项时,延长的长度可正可负。正值时,实体被拉长,负值时实体被缩短。

　　4.使用"拉长"命令的"百分数(P)"选项时,百分数为 100 时,实体长度不发生变化;百分数小于 100 时,实体被缩短;大于 100 时,实体被拉长。

3.15　绘制平面图形实例 15——对齐

任务:绘制平面图形,如图 3-48(a)所示,再将图形由图 3-48(a)变为图 3-48(b)及图 3-48(c)所示形式。

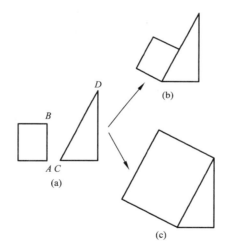

图 3-48　平面图形(实例 15)

目的:通过绘制此图形,学习"对齐"命令及其应用。

绘图步骤分解:

1.绘制基本平面图形,如图 3-48(a)所示

利用"矩形""直线"命令,绘制一个矩形和一个三角形,尺寸自行设定。

2.将图 3-48(a)经过编辑变为如图 3-48(b)所示图形

此过程用"对齐"命令来完成,步骤如下:

| 下拉菜单:[修改][三维操作][对齐] |
| 命令窗口:ALIGN(AL) ↙ |

AutoCAD 提示:

命令:_align

选择对象:**选择矩形。找到 1 个**　　　　　//选择要移动的实体

选择对象:↙　　　　　　　　　　　　　//回车结束对象的选择

指定第一个源点:**选择矩形上 A 点**

指定第一个目标点:**选择三角形上 C 点**

指定第二个源点:**选择矩形上 B 点**

指定第二个目标点:**选择三角形上 D 点**

指定第三个源点或 <继续>:↙　　　　//回车结束选择(对于三维实体,可继续选择)

是否基于对齐点缩放对象? [是(Y)/否(N)] <否>:↙　　//实体对齐时,不进行缩放

结果如图 3-48(b)所示。

3. 将图 3-48(a)经过编辑变为图 3-48(c)所示图形

此过程用"对齐"命令来完成,步骤同上,只是当提示最后一行:"是否基于对齐点缩放对象? [是(Y)/否(N)] <否>:"时,选择"是(Y)"选项,表示图形在对齐的过程中按目标大小进行缩放。结果如图 3-48(c)所示。

至此,图形绘制完成。

提示、注意、技巧

　　"对齐"命令是"移动"、"旋转"和"比例缩放"三个命令的组合。也就是说,如果没有学习"对齐"命令,可以使用"移动"、"旋转"和"比例缩放"命令来完成相同的任务。

3.16 绘制平面图形实例 16——阵列

任务:绘制平面图形,如图 3-49 所示。此图为一炉具的示意图,其中圆的半径为 80,直线的长度为 100,直线上距圆心近的点到圆心的距离为 25,行间距为 400,列间距为 420。

目的:通过绘制此图形,学习阵列命令及其应用。

绘图步骤分解:

1. 绘制其中一个基本平面图形——如图 3-49 所示左下角的图形

先利用"圆"、"直线"命令和"对象捕捉追踪"功能绘制如图 3-50(a)所示图形,再利用"环形阵列"命令完成一个基本图形的绘制。步骤如下:

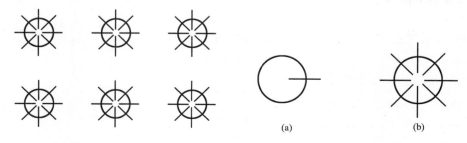

图 3-49　平面图形(实例 16)　　　　　　　　图 3-50　环形阵列

(1)输入"环形阵列"命令,选择下述方法中的一种:

修改工具栏:⣿

下拉菜单:[修改][阵列][环形阵列]

命令窗口:ARRAYPOLAR ↵

(2)AutoCAD 提示:

命令:_arraypolar

选择对象:**单击直线。**找到 1 个　　　　　　　　//选择用来环形阵列的图3-50(a)
　　　　　　　　　　　　　　　　　　　　　　　　中的直线

选择对象:↵　　　　　　　　　　　　　　　　//回车结束对象的选择

指定阵列的中心点或[基点(B)/旋转轴(A)]:　　//选择图 3-50(a)中圆的圆心

选择夹点以编辑阵列或[关联(AS)/基点(B)/项目(I)/项目间角度(A)/填充角度(F)/行
(ROW)/层(L)/旋转项目(ROT)/退出(X)]<退出>:**i**↵　//输入"i"确定阵列的数量

输入阵列中的项目数或[表达式(E)]<6>:**8**　　　　//阵列数量为 8

选择夹点以编辑阵列或[关联(AS)/基点(B)/项目(I)/项目间角度(A)/填充角度(F)/行
(ROW)/层(L)/旋转项目(ROT)/退出(X)]<退出>:↵　//回车完成图 3-50(b)的绘制

2. 绘制如图 3-49 所示的平面图形

将上面所绘制的基本图形进行矩形阵列,可得到所要求的图形,步骤如下:

(1)输入"矩形阵列"命令,选择下述方法中的一种:

阵列工具栏:⣿

下拉菜单:[修改][阵列][矩形阵列]

命令窗口:ARRAYRECT(AR)↵

(2)AutoCAD 提示:

命令:_arrayrect

选择对象:指定对角点:找到 2 个　　　　　　　//选择图 3-50(b)所示图形

选择对象:↵　　　　　　　　　　　　　　　　//回车结束对象的选择

选择夹点以编辑阵列或[关联(AS)/基点(B)/计数(COU)/间距(S)/列数(COL)/行数
(R)/层数(L)/退出(X)]<退出>:**B**　　　　//确定矩形阵列的基点

指定基点或[关键点(K)]<质心>:**单击圆心**　　//圆心作为矩形阵列的基点

选择夹点以编辑阵列或[关联(AS)/基点(B)/计数(COU)/间距(S)/列数(COL)/行数
(R)/层数(L)/退出(X)]<退出>:**COL**↵　　//输入 COL 选择列数

输入列数数或[表达式(E)]<4>:**3**↵　　　　//列数为 3 列

指定列数之间的距离或[总计(T)/表达式(E)]<375>:**420**↵

　　　　　　　　　　　　　　　　　　　　//列之间的距离为 420

选择夹点以编辑阵列或[关联(AS)/基点(B)/计数(COU)/间距(S)/列数(COL)/行数
(R)/层数(L)/退出(X)]<退出>:**R**↵　　//输入 R 选择行数

输入行数数或[表达式(E)]<3>:**2**↵　　　　//行数为 2 行

指定 行数 之间的距离或[总计(T)/表达式(E)]<375>:**400**↵

　　　　　　　　　　　　　　　　　　　　//行之间的距离为 400

选择夹点以编辑阵列或[关联(AS)/基点(B)/计数(COU)/间距(S)/列数(COL)/行数

(R)/层数(L)/退出(X)]＜退出＞:↙   //回车完成图 3-49 的绘制

提示、注意、技巧

1.对于规则分布的图形,可以通过"矩形阵列"或"环形阵列"命令产生。

2.对于环形阵列,对应圆心角可以不是 360°,阵列的包含角为正则按逆时针方向阵列,为负则按顺时针方向阵列。

3.在环形阵列中,阵列项数包括原有实体本身。

4.在矩形阵列中,行距和列距有正、负之分:行距为正则向上阵列,为负则向下阵列;列距为正则向右阵列,为负则向左阵列。其正负方向符合坐标轴正负方向。

3.17 绘制平面图形实例 17——构造线

任务:绘制平面图形,如图 3-51 所示。

目的:通过绘制此图形,学习如何利用构造线进行辅助绘图。(此图可以用以前讲的内容进行绘制,在本节中为了更好地掌握构造线,主要采用构造线进行辅助绘图。)

绘图步骤分解:

1.绘制如图 3-52 所示图形

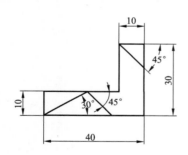

图 3-51 平面图形(实例 17)

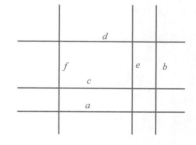

图 3-52 布置构造线

(1)绘制构造线 a、c、d

绘图工具栏:／
下拉菜单:[绘图][构造线]
命令窗口:XLINE(XL)↙

AutoCAD 提示:

命令:_xline

指定点或[水平(H)/垂直(V)/角度(A)/二等分(B)/偏移(O)]:**H**↙
                    //要画一条水平的构造线,故选择此选项

指定通过点:**单击绘图区内一点**   //得到构造线 a

指定通过点:↙   //回车结束构造线的绘制

命令：↙　　　　　　　　　　　// 再次回车重复"构造线"命令

指定点或［水平（H）/垂直（V）/角度（A）/二等分（B）/偏移（O）］：**O** ↙

　　　　　　　　　　　// 作与构造线 a 等距的线，选择此选项

指定偏移距离或［通过（T）］＜通过＞：**10** ↙　　// 作与 a 相距 10 的另一条构造线

选择直线对象：**选择构造线 a**

指定向哪侧偏移：**单击构造线 a 上方一点**　　// 得到构造线 c

选择直线对象：↙　　　　　　　　// 回车结束对象选择

同理可得到与构造线 a 平行的相距 30 的构造线 d。（步骤略）

（2）绘制构造线 b、e、f

输入"构造线"命令，AutoCAD 提示：

命令：_xline

指定点或［水平（H）/垂直（V）/角度（A）/二等分（B）/偏移（O）］：**V** ↙

　　　　　　　　　　　// 绘制竖直的线 b，因此选择此选项

指定通过点：**单击绘图内一点**　　// 得到构造线 b

指定通过点：↙　　　　　　　　// 回车结束命令

同理利用"偏移（O）"选项，可得到构造线 e 和 f。

2. 完成图 3-53 的绘制

利用"修剪"命令，完成由图 3-52 到图 3-53 的绘制。

3. 绘制直线 AB

利用"构造线"命令中的"角度（A）"选项绘制图 3-54 中的直线 AB。

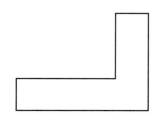

图 3-53　修剪后的图形　　　　　　图 3-54　"角度（A）"、"偏移（O）"选项的应用

输入"构造线"命令，AutoCAD 提示：

命令：_xline

指定点或［水平（H）/垂直（V）/角度（A）/二等分（B）/偏移（O）］：**A** ↙

　　　　　　　　　　　// 构造线的角度已知，因此选择此选项

输入构造线的角度（0）或［参照（R）］：**30** ↙　　// 输入构造线与 X 轴正向的夹角

指定通过点：**＜对象捕捉 开＞捕捉 A 点**

指定通过点：↙　　　　　　　　// 结束构造线的绘制，回车结束

对此构造线进行修剪，得到 AB。

4. 绘制直线 m

利用"构造线"命令的"二等分（B）"选项绘制图 3-54 中的直线 m。

输入"构造线"命令，AutoCAD 提示：

命令:_xline

指定点或[水平(H)/垂直(V)/角度(A)/二等分(B)/偏移(O)]:**B**↙

　　　　　　　　　　　　　　//直线 m 是∠C 的平分线,因此选择此选项

指定角的顶点:**捕捉 C 点**

指定角的起点:**捕捉 D 点**

指定角的端点:**捕捉 E 点**

指定角的端点:↙　　　　　　　　//回车结束构造线的绘制

经过修剪得到直线 m。

5. 绘制直线 n

利用"构造线"命令的"偏移(O)"选项绘制图 3-54 中的直线 n。

输入"构造线"命令,AutoCAD 提示:

命令:_xline

指定点或[水平(H)/垂直(V)/角度(A)/二等分(B)/偏移(O)]:**O**↙

指定偏移距离或[通过(T)]<通过>:**T**↙　//直线 n 与直线 m 平行,且过 B 点,因此选择此选项

选择直线对象:**单击直线 m**

指定通过点:**捕捉 B 点**

选择直线对象:↙　　　　　　　　//回车结束构造线的绘制

经过修剪得到直线 n。

至此,图形绘制完成。

补充知识

　　通过绘制本节实例可知,构造线是通过某两点或通过一点并确定了方向且向两个方向无限延长的直线,一般用于绘制辅助线,常用于绘制三视图。

3.18　绘制平面图形实例18——样条曲线及图案填充

任务:绘制平面图形,如图 3-55 所示。

目的:通过绘制此图形,学习样条曲线绘制及图案填充的方法。

绘图步骤分解:

1. 绘制如图 3-56 所示图形

利用直线命令绘制 AM、MN 及 CN,并绘制点画线。下面主要讲解图 3-56 中左侧曲线的绘制方法。

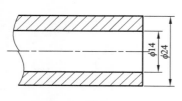

图 3-55　平面图形(实例18)

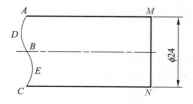

图 3-56　平面图形

输入"样条曲线"命令,选择下述方法中的一种:

> 绘图工具栏:～
>
> 下拉菜单:[绘图][样条曲线][拟合点]
>
> 命令窗口:SPLINE(SPL)↙

AutoCAD 提示:

命令:_spline

当前设置:方式＝拟合　节点＝弦

指定第一个点或[方式(M)/节点(K)/对象(O)]:＜对象捕捉 开＞单击 **A** 点

　　　　　　　　　　　　　　　　//**A** 点作为样条曲线的第一点

输入下一个点或[起点相切(T)/公差(L)]:**单击 D 附近的点**

输入下一个点或[端点切向(T)/公差(L)/放弃(U)]:**单击 E 附近的点**

输入下一个点或[端点相切/公差(L)/放弃(U)/闭合(C)]:**单击 C 点**

输入下一个点或[端点相切/公差(L)/放弃(U)/闭合(C)]:↙

　　　　　　　　　　　　　　　　//回车图形绘制完成。

2. 完成图 3-55 的绘制

即在图 3-56 的基础上绘制直线及剖面线,剖面线绘制方法如下:

> 绘图工具栏:▨
>
> 下拉菜单:[绘图][图案填充]
>
> 命令窗口:BHATCH(BH/H)↙

进行上述操作后打开"图案填充和渐变色"对话框,进行设置后如图 3-57 所示。单击"添加:拾取点"按钮,对话框消失,提示行提示:"取内部点或[选择对象(S)/删除边界(B)]",此时单击要填加图案的封闭区域,即图形的上部分及下部分,回车结束操作,"图案填充和渐变色"对话框再次出现,单击"预览"按钮,对话框消失,可对填充情况进行预览。此时系统提示:"拾取或按 Esc 键返回到对话框或 ＜单击右键接受图案填充＞:"。

图 3-57 "图案填充和渐变色"对话框

若结果不符合要求,则按 $\boxed{\text{Esc}}$ 键重新回到"图案填充和渐变色"对话框,可重新进行填充设置,若结果符合要求,则单击鼠标右键结束图形的绘制。

补充知识

1. 设置填充图案特性

填充图案和绘制其他对象一样,图案所使用的颜色和线型即当前图层的颜色和线型。

2. 图案的选择和使用

AutoCAD 提供实体填充以及多种行业标准填充图案,可以使用它们区分对象的部件或表现对象的材质。系统提供三种类型的图案可供用户选择。

◆ 预定义:指图案已经在 ACAD. PAT 文本文件中定义好。

◆ 用户定义:使用当前线型定义的图案。

◆ 自定义:指定义在除 ACAD. PAT 外的其他文件中的图案。

设计填充图案定义要求具备一定的知识、经验和耐心。只有熟悉填充图案的用户才能自定义填充图案,因此建议新用户不要进行此操作。

下面分别介绍预定义及用户定义图案。

(1)预定义图案选择和设置

①选择预定义的图案方法有两种:

● 在"图案填充和渐变色"对话框的"图案填充"选项卡中,单击"图案"右侧的按钮 $\boxed{\cdots}$,打开"填充图案选项板"对话框,如图 3-58 所示。在该对话框中,不同的页显示相应类型的图案。双击图案或选择图案后单击"确定"按钮,即选中了该图案。

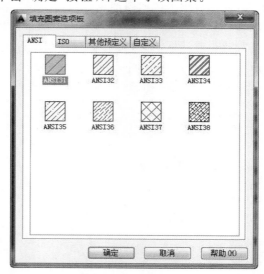

图 3-58　"填充图案选项板"对话框

● 单击"样例"图案的预览小窗口,同样会弹出"填充图案选项板"对话框。

②参数设置:其参数包括角度和比例,其中角度用于旋转图案,比例用于设定放大或缩小图案。

（2）用户定义图案参数的设置

用户定义图案只能由平行线构成,其参数包括角度和间距。其中角度是指直线相对于 X 轴的夹角,间距为线间距。如果选择了下边的"双向"选项,将会画出两组相互垂直的平行线。

3. 定义要填充图案的区域

定义要填充图案的区域有两种方法:

（1）利用"图案填充和渐变色"对话框中的"添加:拾取点"按钮。在要填充图案的区域内拾取一个点,系统自动产生一个围绕该拾取点的边界。

（2）利用"图案填充和渐变色"对话框中的"添加:选择对象"按钮。通过选择对象的方式来产生一封闭的填充边界。

4. "图案填充和渐变色"对话框中其他选项的含义

（1）"删除边界"按钮

该按钮只有在点选边界后才可用。在填充边界内部存在的更小边界或文字实体。系统默认情况下,自动检测内部边界,并将其排除在图案填充区之外。如果希望在边界中填充图案,可以单击"删除边界"按钮,然后选择要删除的边界。如图 3-59 所示为删除边界与不删除边界的区别。

（2）"查看选择集"按钮

单击该按钮将显示当前定义的选择集。用户未选择边界时,该按钮不可用。

（3）"继承特性"按钮

单击该按钮,系统要求用户在图中选择一个已有的填充图案,然后将其图案的类型和属性设置作为当前的填充设置。此功能对于在不同阶段绘制多个同样的图案填充非常有用。但是,非关联图案和属性无法继承。

（4）"选项"组

关联:填充图案与边界实体具有关联性,当调整图案的边界时,填充图案会随之调整。

创建独立的图案填充:填充图案与边界实体不具有关联性,当调整图案的边界时,填充图案不会随之调整。如图 3-60 所示为关联与不关联的区别。

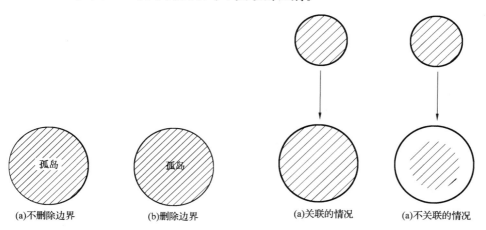

(a)不删除边界　　(b)删除边界　　　　(a)关联的情况　　(a)不关联的情况

图 3-59　删除边界与不删除边界的区别　　　　**图 3-60　关联与不关联的区别**

(5)绘图次序

可以在创建图案填充之前指定绘图顺序。

将图案填充置于其边界之后可以更容易地选择图案填充边界。

(6)图案填充原点

创建和编辑填充图案时可以指定填充原点。用户可以使用当前的原点,通过单击一个点来设置新的原点,或利用边界的范围来确定,甚至可以指定这些选项中的一个来作为默认的行为用于以后的填充操作。

5.高级选项的内容

通过可伸缩屏来访问高级选项。单击"图案填充和渐变色"对话框右下方的 ⊙ 按钮,对话框将展开,如图 3-61 所示。

图 3-61　展开的"图案填充和渐变色"对话框

(1)孤岛显示样式

"孤岛显示样式"区列出了三种填充方式,如图 3-62 所示。

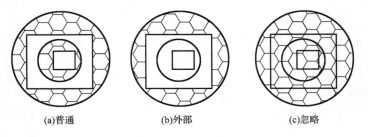

(a)普通　　　　　(b)外部　　　　　(c)忽略

图 3-62　三种填充方式

①普通:从最外层边界开始,交替填充第一、三、五等奇数层区域。

②外部:只填充最外层的区域。

③忽略:忽略所有内部边界,填充整个区域。

（2）控制图案的边界和类型

①保留边界：当用户使用"图案填充"命令来建立图案时，系统建立一些临时多段线来描述边界和孤岛，默认情况下，系统在创建完图案时自动清除这些多段线。如果用户选择了"保留边界"复选框，则可保留这些多段线。

②对象类型：若选择"保留边界"复选框，则此选项有效，用户可在此选择保留对象类型（多段线或面域）。

③边界集：默认情况为"当前视口"，即当前视窗中所有可见实体。单击右边的"新建"按钮，可以选择实体建立新的边界集，以后可以在新的边界集中搜索边界对象，这对于复杂图形效果比较明显。

6."渐变色"选项卡的内容

单击"图案填充和渐变色"对话框中的"渐变色"选项卡，或选择"绘图"工具栏上 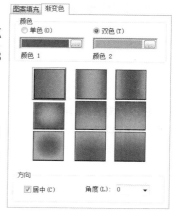 按钮，打开"渐变色"选项卡，如图 3-63 所示。

图 3-63　"渐变色"选项卡

（1）单色

该选项指定使用从较深色调到较浅色调平滑过渡的单色填充。选择"单色"时，AutoCAD 显示带"浏览"按钮和"着色"、"色调"滑动条的颜色样本。

（2）双色

该选项指定在两种颜色之间平滑过渡的双色渐变填充。选择"双色"时，AutoCAD 分别为颜色 1 和颜色 2 显示带"浏览"按钮的颜色样本。

（3）颜色样本

颜色样本用于指定渐变填充的颜色。单击"浏览"按钮以显示"选择颜色"对话框，从中可以选择 AutoCAD 索引颜色、真彩色或配色系统颜色。显示的默认颜色为图形的当前颜色。

（4）居中

该选项指定对称的渐变配置。如果没有选定此选项，渐变填充将朝左上方变化，创建光源在对象左边的图案。

（5）角度

该选项指定渐变填充的角度，相对当前 UCS 指定角度。此选项与指定给图案填充的角度互不影响。

（6）渐变图案

渐变图案用于显示用于渐变填充的九种固定图案，这些图案包括线性扫掠。

提示、注意、技巧

1. 填充边界可以是圆、椭圆、多边形等封闭的图形,也可以是由直线、曲线、多段线等围成的封闭区域。

2. 在选择对象时,一般应用"拾取点"来选择边界。这种方法既快又准确,"选择对象"只是作为补充手段。

3. 边界图形必须封闭。

4. 边界不能重复选择。

5. 样条曲线主要用于绘制机械制图中的波浪线、截交线、相贯线以及地理图中的地貌等。

3.19   绘制平面图形实例 19——面域与查询

任务: 利用面域和布尔运算,将图 3-64(a)变为图 3-64(b)所示的形式,并求出图3-64(b)的面积(不计内部四个圆)。

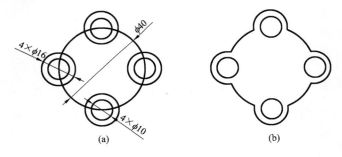

(a)   (b)

图 3-64   利用面域绘制图形

目的: 通过绘制此图形,学习面域的创建方法、布尔运算、面域数据的提取方法及有关查询的其他知识。

绘图步骤分解:

1. 绘制图 3-64(a)

2. 将图 3-64(a)定义成面域

输入"面域"命令,选择下述方法中的一种:

绘图工具栏:
下拉菜单:[绘图][面域]
命令窗口:REGION(REG)

AutoCAD 提示:

命令:_region

选择对象:**选中图 3-64(a)中所有图形。找到 9 个**   //选择将要定义成面域的图形

选择对象: //回车结束对象的选择

已提取 9 个环。

已创建 9 个面域。　　　　　　　　　　　　　//9 个面域被创建

目前图形没有明显变化,但对其进行着色时,可以看到面域的图形将被填充上灰色,如图 3-65 所示。对图形着色的方法为:

下拉菜单:[视图][视觉样式][平面着色]

也可将着色的图形退回到二维线框的状态,方法为:

下拉菜单:[视图][视觉样式][二维线框]

3.对面域的图形进行布尔运算

(1)将 4 个直径为 16 的圆和图中最大的圆做并集运算。

输入"并集"命令,选择下述方法中的一种:

实体编辑工具栏:◎

下拉菜单:[修改][实体编辑][并集]

命令窗口:UNION(UNI) ↙

AutoCAD 提示:

命令:_union

选择对象:找到 1 个

选择对象:找到 1 个,总计 2 个

选择对象:找到 1 个,总计 3 个

选择对象:找到 1 个,总计 4 个

选择对象:找到 1 个,总计 5 个　　　　//分别选择 4 个直径为 16 的圆和图中最大的圆

选择对象:↙　　　　　　　　　　　//回车结束对实体的选择

执行并集运算后的图形线框图与图 3-64(b)相同,着色后的图形与图 3-65 相同。

(2)将 4 个直径为 10 的圆和图中最大的圆做差集运算,可将 4 个小圆从图中减去。

输入"并集"命令,选择下述方法中的一种:

实体编辑工具栏:◎

下拉菜单:[修改][实体编辑][差集]

命令窗口:SUBTRACT(SU) ↙

AutoCAD 提示:

命令:_subtract

选择要从中减去的实体或面域…

选择对象:**选择最大的圆**。找到 1 个　　　//选择被减对象

选择对象:↙　　　　　　　　　　　//回车结束对象的选择

选择要减去的实体或面域…

选择对象:找到 1 个

选择对象:找到 1 个,总计 2 个

选择对象:找到 1 个,总计 3 个

选择对象:找到 1 个,总计 4 个　　　　//选择 4 个直径为 10 的圆

选择对象:↙　　　　　　　　　　　//回车结束对象的选择

执行上述差集运算后,线框图没有变化,即与图 3-64(b)相同,但着色图变为如图 3-66 所示。

图 3-65　面域着色后的图形　　　　　图 3-66　执行差集后着色的图形

4.提取面域数据

输入"面域/质量特性"命令,选择下述方法中的一种:

> 查询工具栏:📋
>
> 下拉菜单:[工具][查询][面域/质量特性]
>
> 命令窗口:MASSPROP ↙

AutoCAD 提示:

命令:_massprop

选择对象:**选择图 3-66**。找到 1 个　　　　　　　//面域后的图形作为一个整体来处理

选择对象:↙　　　　　　　　　　　　　　　　//回车结束对象的选择

执行上述操作后,打开如图 3-67 所示 AutoCAD 文本窗口。该文本窗口显示了有关所选面域的一些信息。如面积、周长、质心、惯性矩和惯性积等。由该文本窗口可知所求图形的面积为1378.8733。在文本窗口底部有如下提示:

是否将分析结果写入文件?[是(Y)/否(N)]<否>:

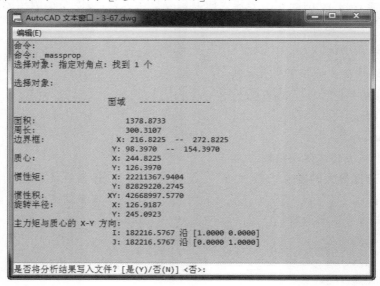

图 3-67　AutoCAD 文本窗口

在该提示下,如果执行"Y"操作,会打开"创建质量与面积特性文件"对话框,将分析结果保存在所选的位置;如果选择"N",则结束命令的操作。

补充知识

1. 有关面域的补充知识

(1)面域是以封闭边界创建的二维封闭区域。组成面域的边界必须共面,而且不能自相交。

(2)创建面域的另一种方法——边界法。

选择下面方法中的一种启动"边界"命令:

> 下拉菜单:[绘图][边界]
> 命令窗口:BOUNDARY(BO) ↙

图 3-68　"边界创建"对话框

执行上述操作后,打开"边界创建"对话框,如图 3-68 所示。将"对象类型"设为"面域",单击"拾取点"按钮,在要创建面域的区域内单击,系统自动分析边界,回车面域创建完成。

在一些特殊情况下,只有用 BOUNDARY 命令才能完成面域的创建,而用 REGION 命令是不能完成的,如图 3-69 所示。

当执行 REGION 命令时,图 3-69(a)生成的面域是两个圆的封闭区域,而 3-69(b)不能被创建成面域。

2. 有关布尔运算的补充知识

用户可以对面域进行三种操作,即并集、差集和交集。在本节例题中已经介绍了前两种操作方法,下面介绍有关交集的内容。

交集是指从两个或两个以上面域中抽取其重叠部分的操作,如图 3-70 所示,图 3-70(b)可由图 3-70(a)经交集操作创建。

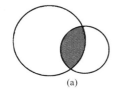
(a)

(b)

图 3-69　用 BOUNDARY 命令创建面域

(a)

(b)

图 3-70　用面域的交集操作创建图形

可用以下方法中任意一种进行交集运算:

> 实体编辑工具栏:◎
> 下拉菜单:[修改][实体编辑][交集]
> 命令窗口:INTERSECT(IN) ↙

AutoCAD 提示:

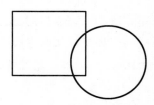

命令：_intersect

选择对象：找到 1 个

选择对象：找到 1 个，总计 2 个　　　　　　//选择两个圆

选择对象：↙　　　　　　　　　　　　　　//回车结束对象的选择

完成图 3-70(b)的绘制。

3. 有关查询的补充知识

本节例题用到"面域/质量特性"命令，该命令可对某实体或面域的质量特性进行查询。

下面介绍有关查询的其他内容。

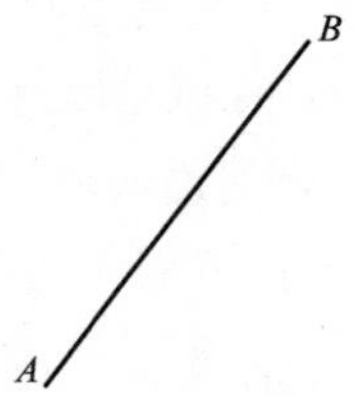

(1)查询距离

"查询"功能可查询屏幕上两点之间的距离、两点的虚构线在 XY 平面内的夹角以及与 XY 平面的夹角。如图 3-71 所示，查询直线 AB 的距离。

图 3-71　查询直线的距离

输入"查询距离"命令，可用下述方法中的一种：

> 查询工具栏：
> 下拉菜单：[工具][查询][距离]
> 命令窗口：DIST(DI)↙

执行"查询距离"命令后，AutoCAD 提示：

命令：_distance

指定第一点：**捕捉 A 点**

指定第二点：**捕捉 B 点**　　　　//捕捉 B 点之后，查询结束，在状态栏显示 AB 的信息

查询结果如下：

距离＝35.7707，XY 平面中的倾角＝53，与 XY 平面的夹角＝0

X 增量＝21.3861，Y 增量＝28.6737，Z 增量＝0.0000

查询完成。

(2)查询面积

"查询"功能可查询某封闭区域的面积和周长，并可以根据情况增加或减少某部分的面积。如图 3-72 所示，计算图中矩形和圆的总面积。

图 3-72　查询图形的面积

输入"查询面积"命令，可用下述方法中的一种：

> 查询工具栏：
> 下拉菜单：[工具][查询][面积]
> 命令窗口：AREA ↙

执行"查询面积"命令后，AutoCAD 提示：

命令：_MEASUREGEOM

输入选项[距离(D)/半径(R)/角度(A)/面积(AR)/体积(V)]＜距离＞:_area

指定第一个角点或[对象(O)/增加面积(A)/减少面积(S)/退出(X)]<对象(O)>:**A**↙

　　　　　　　　　　　　//选择两个以上的对象,将其面积相加

指定第一个角点或[对象(O)/减少面积(S)/退出(X)]:**O**↙

　　　　　　　　　　　　//选择一个封闭的对象,计算它的面积和

　　　　　　　　　　　　　　周长

("加"模式)选择对象:**选择矩形**

区域=617.0811,周长=99.5002　　　　　//计算出矩形的面积和周长

总面积=617.0811

("加"模式)选择对象:**选择圆**

区域=569.1659,圆周长=84.5716　　　　　//得到圆的面积和周长

总面积=1186.2471　　　　　　　　　　//得到矩形和圆的总面积

("加"模式)选择对象:↙　　　　　　　　　//回车结束选择

指定第一个角点或[对象(O)/减少面积(S)/退出(X)]:**X**↙　　　　//回车结束查询

总面积=1186.2471

输入选项[距离(D)/半径(R)/角度(A)/面积(AR)/体积(V)/退出(X)]<面积>:**X**↙

查询完成。

执行 AREA 命令后,提示行中其他选项的含义:

● 指定第一个角点:指定要计算面积的第一个角点,随后指定其他角点,回车结束角点的指定,系统会自动封闭指定的角点并计算面积和周长。

● 减(S):选择两个以上的对象,将其面积相减。

3.20 绘制平面图形实例 20——夹点编辑

任务:图 3-73 与前面图 3-48 类似,在本例中用夹点编辑方法,完成由图 3-73(a)到图 3-73(d)及由图 3-73(a)到图 3-73(e)的绘制过程。

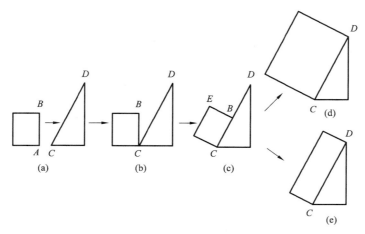

图 3-73　平面图形(实例 20)

目的：通过绘制此图形，学会使用夹点编辑图形。

绘图步骤分解：

1. 绘制图 3-73(a)

2. 移动矩形

利用夹点编辑方法将矩形移向三角形，使图中 A 点移到 C 点。绘图步骤如下：

(1)单击选择矩形，夹点显示出来。（夹点：单击实体，会看到实体上出现一些蓝色小方框，标识出实体的特征点，称为夹点。）

(2)点取 A 处的夹点，使之变成红色（这个被选定的夹点称为基夹点）。

(3)单击鼠标右键，弹出快捷菜单，如图 3-74 所示，从此快捷菜单中选择"移动"选项。

(4)拖动基夹点，在 C 点处单击。

(5)按 Esc 键，取消夹点。完成由图 3-73(a)到图 3-73(b)的绘制。

3. 旋转矩形

利用夹点编辑方法将图 3-73(b)中的矩形绕 C 点旋转，使矩形的边 AB 与三角形的边 CD 重合。绘图步骤如下：

(1)单击选择矩形，使夹点显示出来。

(2)点取 C 处的夹点，使之变成红色。

(3)单击鼠标右键，弹出快捷菜单，如图 3-74 所示，从此快捷菜单中选择"旋转"选项。

(4)状态栏中提示如下信息：

图 3-74　快捷菜单

指定旋转角度或[基点(B)/复制(C)/放弃(U)/参照(R)/退出(X)]：**R**↙

　　// 如果已知旋转角度，可直接输入角度值，此例中已知实体上某线的旋转前后的位置，故选择此项

指定参照角 <0>：**单击 C 点**

指定第二点：**单击 B 点**

指定新角度或[基点(B)/复制(C)/放弃(U)/参照(R)/退出(X)]：**单击 D 点**

(5)按 Esc 键，取消夹点。完成由图 3-73(b)到图 3-73(c)的绘制。

4. 缩放矩形

利用夹点编辑方法将图 3-73(c)中的矩形进行比例缩放，使矩形的边 CB 与三角形的边 CD 重合。

(1)单击选择矩形，使夹点显示出来。

(2)点取 C 处的夹点，使之变成红色。

(3)单击鼠标右键，在弹出的快捷菜单中选择"缩放"选项。

(4)状态栏中提示如下信息：

命令：_scale

＊＊比例缩放＊＊

指定比例因子或[基点(B)/复制(C)/放弃(U)/参照(R)/退出(X)]：**R**↙

　　　　　　　　　　　　　//如果已知缩放的比例因子,可直接输入其值

指定参照长度 <1.0000>:**单击 C 点**

指定第二点:**单击 B 点**

指定新长度或[基点(B)/复制(C)/放弃(U)/参照(R)/退出(X)]:**单击 D 点**

(5)按 Esc 键,取消夹点。完成由图 3-73(c)到图 3-73(d)的绘制。

5. 拉伸矩形

利用夹点编辑方法将图 3-73(c)中的矩形进行拉伸,矩形的宽度不发生变化,并使矩形的边 CB 与三角形的边 CD 重合。

(1)单击选择矩形,使夹点显示出来。

(2)按住 Shift 键,点取 B 和 E 处的夹点,使之变成红色。

(3)释放 Shift 键,再单击 B 点。

(4)拖动基夹点,在 D 点处单击。

(5)按 Esc 键,取消夹点。完成由图 3-73(c)到图 3-73(e)的绘制。

补充知识

　　1. 由上例可知利用夹点编辑,可以对图形进行拉伸、移动、旋转和缩放等操作,此外还可以对图形进行镜像和复制等编辑。

　　2. 在绘制工程图中,经常用到夹点编辑的情况是将图形中的点画线进行拉伸或缩短。图 3-75(a)中点画线不满足制图标准,可用夹点编辑将其两端进行拉长。

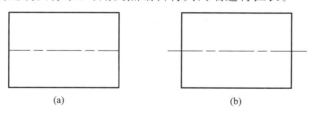

　　　　　　(a)　　　　　　　　　　　　　　(b)

图 3-75　利用夹点编辑拉伸点画线

方法为:单击点画线,使其显示夹点,再分别单击直线两端的夹点,将其移动到新的位置,如图 3-75(b)所示。

提示、注意、技巧

　　　1. 执行拉伸操作的结果与所选夹点有关,比如对于直线,选择端点可以拉伸,选择中点将会移动;对于圆,选择圆心将会移动,选择圆周夹点将会缩放。

　　　2. 取消实体的夹点状态,可以连续按 Esc 键,直到夹点消失。

　　　3. 直线沿水平拉伸时,应打开"正交"功能。

　　　4. 为了防止捕捉的影响,拉伸时应将"对象捕捉"功能关闭。

3.21　绘制平面图形实例 21——多段线

任务：绘制图 3-76(a) 所示图形的轮廓线。已知图形是由直线和圆弧组成的，线宽为 0.5 mm。

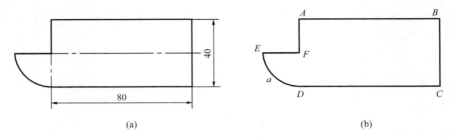

(a)　　　　　　　　　　　　　　(b)

图 3-76　平面图形(实例 21)

目的：通过绘制此图形，学习多段线的绘制方法。

绘图步骤分解：

> 绘图工具栏：⤴
>
> 下拉菜单：[绘图][多段线]
>
> 命令窗口：PLINE(PL) ↙

输入"多段线"命令后，AutoCAD 提示：

命令：_pline　　　　　　　　　　//此图是由直线和圆弧组成的，比较适合用多段线绘制

指定起点：**单击绘图区内一点，作为多段线的起点 A，如图 3-76(b)所示**

　　　　　　　　　　　　//A 作为多段线的起点，也可以将其他点作为多段线的起点

当前线宽为 0.0000　　　　　　//提示当前线的宽度为 0

指定下一个点或[圆弧(A)/半宽(H)/长度(L)/放弃(U)/宽度(W)]：**W** ↙

　　　　　　　　　　　　//由于要改变线宽，故选择宽度(W)

指定起点宽度 <0.0000>：0.5 ↙　　//根据已知条件，设定起点线宽为 0.5

指定端点宽度 <0.5000>：↙　　//端点线宽为 0.5，取默认值

指定下一个点或[圆弧(A)/半宽(H)/长度(L)/放弃(U)/宽度(W)]：**80** ↙

　　　　　　　　　　　//打开正交模式，将光标移向 A 点的右方，输入 80，得到 B 点

指定下一点或[圆弧(A)/闭合(C)/半宽(H)/长度(L)/放弃(U)/宽度(W)]：**40** ↙

　　　　　　　　　　　　//将光标移向 B 点的下方，输入值 40，得到 C 点

指定下一点或[圆弧(A)/闭合(C)/半宽(H)/长度(L)/放弃(U)/宽度(W)]：**80** ↙

　　　　　　　　　　　　//将光标移向 C 点的左方，输入值 80，得到 D 点

指定下一点或[圆弧(A)/闭合(C)/半宽(H)/长度(L)/放弃(U)/宽度(W)]：**A** ↙

　　　　　　　　　　　　//下一步开始画圆弧，所以选择圆弧(A)

指定圆弧的端点或[角度(A)/圆心(CE)/闭合(CL)/方向(D)/半宽(H)/直线(L)/半径(R)/第二个点(S)/放弃(U)/宽度(W)]：**CE** ↙

　　　　　　　　//根据已知条件，选择一个已知的选项，由于圆弧的圆心已知，故选择圆心(CE)

指定圆弧的圆心：@0,20 ✓　　　　　　//也可以捕捉追踪 D 点，光标在 D 点正上方，输入 20

指定圆弧的端点或[角度(A)/长度(L)]：A ✓

//圆弧所包含的角度为已知，故选择角度(A)

指定包含角：—90 ✓　　　　　　//圆弧 d 所包含的角度为—90，圆弧 a 绘制完成

指定圆弧的端点或[角度(A)/圆心(CE)/闭合(CL)/方向(D)/半宽(H)/直线(L)/半径

(R)/第二个点(S)/放弃(U)/宽度(W)]：L ✓ //接下来绘制直线 EF 和 FA，由于在整个绘制

图形过程中间没有断开过，故可选择闭合(C)

结束图形的绘制

补充知识

1.由例题可知，多段线是指相连的多段直线和弧线组成的一个复合实体，可为其指定一定
的线宽。

2.对于多段线中各段线条可以有不同的线宽，并且有些线宽可以是渐
变的，如图 3-77 所示箭头的绘制。已知此图中 AB 的线宽为 0，BC 段 B
端的宽度为 4，C 端的宽度为 0。

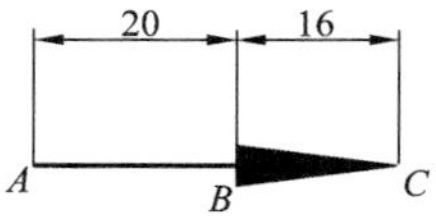

图 3-77　多段线的应用

绘图步骤如下：

输入"多段线"命令，AutoCAD 提示：

命令：_pline

指定起点：

当前线宽为 0.5000　　　　　　//提示当前线宽

指定下一个点或[圆弧(A)/半宽(H)/长度(L)/放弃(U)/宽度(W)]：W ✓

//根据已知条件，需对线宽进行重新设置，因此选择此选项

指定起点宽度 <0.5000>：0 ✓　　//以 A 点为起点，A 点处的线宽为 0

指定端点宽度 <0.0000>：✓　　//B 点处的线宽与 A 点处相同，取系统的默认值

指定下一个点或[圆弧(A)/半宽(H)/长度(L)/放弃(U)/宽度(W)]：<正交 开> 20 ✓

//将光标拖向右方，输入 AB 的长度值 20，结束 AB 的绘制

指定下一点或[圆弧(A)/闭合(C)/半宽(H)/长度(L)/放弃(U)/宽度(W)]：W ✓

//开始绘制 BC 段线，需要对线宽进行重新设置，因此选择此项

指定起点宽度 <0.0000>：4 ✓　　//输入 B 点处的线宽值 4

指定端点宽度 <4.0000>：0 ✓　　//输入 C 点处的线宽值 0

指定下一点或[圆弧(A)/闭合(C)/半宽(H)/长度(L)/放弃(U)/宽度(W)]：16 ✓

//指定 BC 的长度值 16

指定下一点或[圆弧(A)/闭合(C)/半宽(H)/长度(L)/放弃(U)/宽度(W)]：✓

//回车结束图形的绘制

图形绘制完成。

提示、注意、技巧

1. 当多段线的宽度大于 0 时，如果绘制闭合的多段线，一定要用"闭合"选项才能使其完全封闭。否则起点与终点会出现一段缺口，图 3-78(a)为使用"闭合"选项的情况，图 3-78(b)为没有使用"闭合"选项的情况。

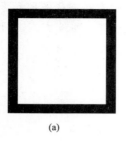 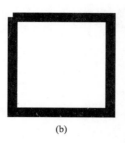

(a)   (b)

图 3-78　封口的区别

2. 在绘制多段线的过程中如果选择"U"，则取消刚刚绘制的那一段多段线，当确定刚画的多段线有错误，选择此选项。

3. 多段线的起点宽度值以前一次输入值为默认值，而终点宽度值是以起点宽度值为默认值。

4. 当使用"分解"命令对多段线进行分解时，多段线的线宽信息将会丢失。

习　题

一、选择题

1. ALIGN 命令相当于是 ROTATE(旋转)、SCALE(比例)和(　　)命令的组合。

A. MOVE(移动)　　　　B. COPY(复制)　　　C. MIRROR(镜像)　　　D. ARRAY(阵列)

2. 用夹点方式编辑图形时，不能直接完成(　　)操作。

A. 镜像　　　　　　　B. 比例缩放　　　　　C. 复制　　　　　　　D. 阵列

3. 用"矩形"命令不能绘制(　　)图形。

A. 圆角矩形　　　　　　　　　　　　B. 直角矩形

C. 带线宽矩形　　　　　　　　　　　D. 一侧圆角另一侧直角矩形

4. 使用"椭圆"命令绘制椭圆时，以下描述不正确的是(　　)。

A 可以绘制椭圆弧　　　　　　　　　B. 可以根据长轴以及倾斜角度绘制出椭圆

C. 根据圆心和长轴即可绘制出椭圆　　D. 可以根据长轴和短轴绘制出椭圆

5. 改变图层颜色时，在"图层特性管理器"选项板的图层列表中应(　　)颜色块。

A. 单击　　　　　　　B. 双击　　　　　　　C. 右击　　　　　　　D. 拖动

二、填空题

1. 在执行"拉伸"命令时应该使用的选择对象的方式是_____。

2. 绘制多段线的命令是_____。

3. 在使用"阵列"命令时，如需使阵列后的图形向左上角排列，则行间距为_____，列间距为_____。

4.“镜像”命令的缩写方式为_____。

三、简答题

1.在进行图案填充时,关联图案与不关联图案的区别在哪里?

2.怎样删除用“矩形”命令绘制的矩形的一条边?

3.多段线常用于绘制什么图形?

4.怎样得到一个偏移的实体,使之通过一个指定的点?

四、操作题

1.绘制下列图形(图 3-79～图 3-93),不标注尺寸。

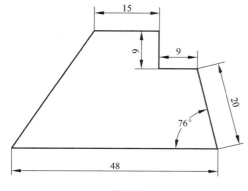

图 3-79

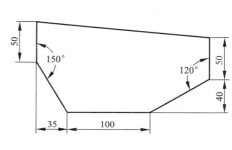

图 3-80

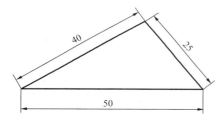

图 3-81

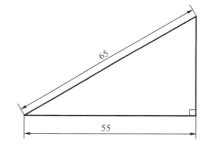

图 3-82

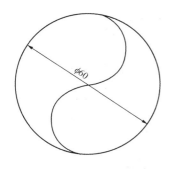

图 3-83

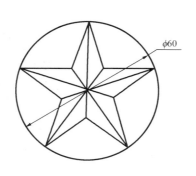

图 3-84

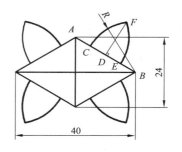

(已知 C、D、E 是直线 AB 的
等分点,且 DF 与 AB 垂直。)

图 3-85

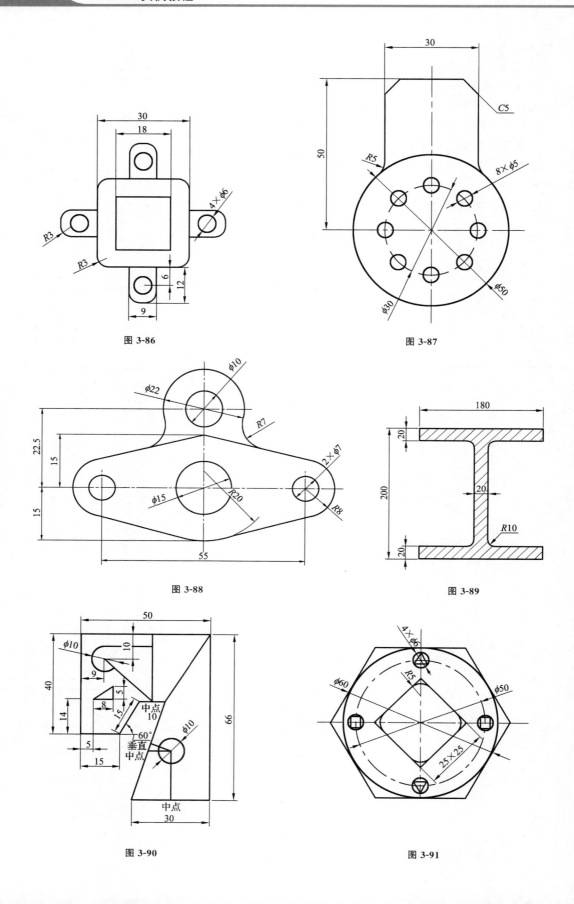

图 3-86

图 3-87

图 3-88

图 3-89

图 3-90

图 3-91

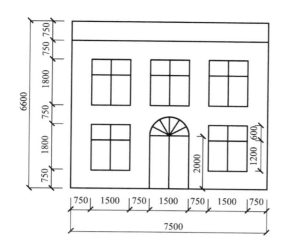

图 3-92

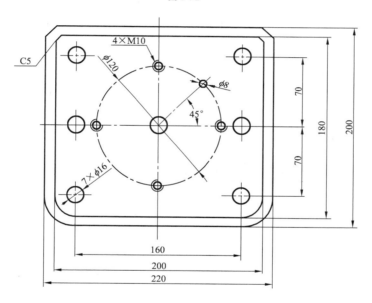

图 3-93

2.绘制图 3-94 所示图形,并查询图形的有效面积。

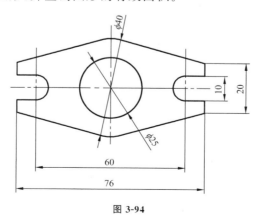

图 3-94

第4章
绘制平面图形综合实例

本章要点：

　　本章综合运用所学的知识,通过几个具有代表性的例子,进一步巩固和加强常用的绘图与修改命令的使用,熟练掌握绘制平面图形的一般步骤和方法,并从中掌握一定的绘图操作技巧,使读者能尽快熟练地绘制各种图形。

思政导读：

　　庄子认为天道美的展现是技术的本质,在《庄子》中,描述了"庖丁解牛"、"运斤成风"等许多工匠形象,古代工匠最典型的气质就是对自己的技艺要求严苛,并为此不厌其烦、不惜代价地做到极致,精益求精,同时也对自己的手艺和作品怀有绝对的自尊和自信。元代兴建大都城的杨琼、明代修建紫禁城的木匠蒯祥、清代的建筑师家族"样式雷",都真真切切地展现了时代的工匠精神,技艺为骨,匠心为魂,共同铸就了我国丰富的物质文化现象,推动了我国技术的创新发展。

4.1 绘制平面图形综合实例 1——平面图形

　　绘制平面图形时,首先应该对图形进行线段分析和尺寸分析,根据定形尺寸和定位尺寸,判断出已知线段、中间线段和连接线段,按照先已知线段、再中间线段、后连接线段的绘图顺序完成图形的绘制。

　　任务：绘制如图 4-1 所示的平面图形。

　　目的：通过绘制此图形,训练"直线""圆""圆弧""偏移""修剪""倒角""圆角"命令的使用方法,以及含有连接圆弧的平面图形的绘制方法,提高绘图速度。

　　图形分析：

　　要绘制该图形,应首先分析线段类型。已知线段：钩柄部分的直线和钩子弯曲中心部分的 $\phi24$、$R29$ 圆弧；中间线段：钩子尖部分的 $R24$、$R14$ 圆弧；连接线段：钩尖部分圆弧 $R2$、钩柄部分过渡圆弧 $R24$、$R36$。

　　设置绘图环境,包括图纸界限、图层(线型、颜色、线宽)等。按图 4-1 所给的图形尺寸,图纸区域可取系统的默认值 3 号图纸大小 A3(420×297),图层至少包括中心线层、轮廓线层、尺寸线层(暂时不用,可

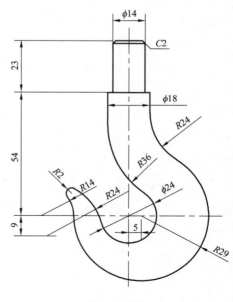

图 4-1　吊钩

不用设置)等。

本例中的绘图基准是图形的中心线,然后使用"圆"命令绘制出各个圆,再用"修剪"命令完成图形。

绘图步骤分解:

1. 新建图纸

新建一张图纸,按照该图形的尺寸,图纸区域取系统的默认值 A3(420×297)。

2. 显示图形界限

单击"全部缩放"按钮,运行"图形缩放"命令中的"全部"选项,图形栅格的界限将填充当前视口。或者在命令窗口输入 Z,回车,再输入 A,回车。

绘制平面图形

3. 设置对象捕捉

在状态栏的"对象捕捉"按钮上单击鼠标右键,在弹出的快捷菜单中选择"设置"选项,系统弹出"草图设置"对话框,选择"交点"、"切点"、"圆心"和"端点"选项,并启用"对象捕捉"功能,单击"确定"按钮。

4. 设置图层

按图形要求,打开"图层特性管理器"选项板,设置以下图层、颜色、线型和线宽:

图层名	颜色	线型	线宽
轮廓线	白色	Continuous	0.5 mm
中心线	红色	CENTER	默认
尺寸线	黄色	Continuous	默认

5. 绘制中心线

(1)选择图层

通过"图层"工具栏,将"中心线"层设置为当前层。单击"图层"工具栏"图层控制"列表框后的下拉按钮,打开"图层控制"列表,在"中心线"层上单击,则"中心线"层为当前层。

(2)绘制垂直中心线 *AB* 和水平中心线 *CD*

打开"正交"功能,调用"直线"命令,在屏幕中上部单击,确定 *A* 点,绘制出垂直中心线 *AB*。在合适的位置绘制出水平中心线 *CD*,如图 4-2 所示。

6. 绘制吊钩柄部直线

钩柄的上部直径为 14,下部直径为 18,可以用中心线向左右偏移的方法获得轮廓线,两条钩柄的水平端面线也可用偏移水平中心线的方法获得。

(1)在"修改"工具栏中单击"偏移"按钮,调用"偏移"命令,将直线 *AB* 向左、右分别偏移 7 个单位和 9 个单位,获得直线 *JK*、*MN* 及 *QR*、*OP*;将 *CD* 向上偏移 54 个单位获得直线 *EF*,再将刚偏移所得直线 *EF* 向上偏移 23 个单位,获得直线 *GH*。

(2)在偏移的过程中,读者会注意到,偏移所得到的直线均为点画线,因为偏移实质是一种特殊的复制,不但复制出元素的几何特征,同时也会复制出元素的特性。因此要将复制出的图线改变到"轮廓线"层上。

选择刚刚偏移所得到的直线 *JK*、*MN*、*QR*、*OP*、*EF*、*GH*,然后打开"图层"工具栏中"图层控制"列表,在"轮廓线"层上单击,再按 Esc 键,完成图层的转换。结果如图 4-3 所示。也可通过"特性"选项板完成图层的转换。

7. 修剪图线至正确长短

(1)在"修改"工具栏中单击"倒角"按钮,调用"倒角"命令,设置当前倒角距离 1 和 2 的值均为 2 个单位,采用"修剪"模式将直线 GH 与 JK、MN 倒 45°角。再设置当前倒角距离 1 和 2 的值均为 0,采用"修剪"模式将直线 EF 与 QR、OP 倒直角。完成的图形如图 4-4 所示(注意"倒角"命令设置)。

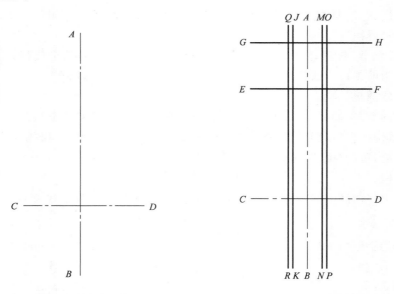

图 4-2 绘制中心线   图 4-3 绘制吊钩钩柄

(2)在"修改"工具栏中单击"修剪"按钮,调用"修剪"命令,以 EF 为剪切边界,修剪掉 JK 和 MN 直线的下部。完成图形如图 4-5 所示。

(3)调整线段的长短。可用夹点编辑方法调整线段的长短。完成图形如图 4-5 所示。

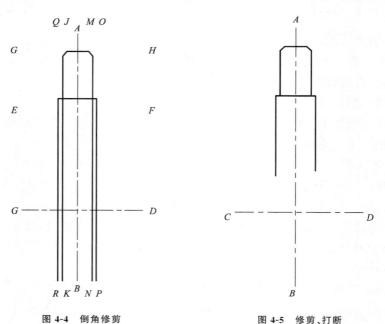

图 4-4 倒角修剪   图 4-5 修剪、打断

8. 绘制已知线段

(1)将"轮廓线"层作为当前层,调用"直线"命令,启动对象捕捉功能,绘制直线 ST。

(2)调用"圆"命令,以直线 AB、CD 的交点 O_1 为圆心,绘制 $\phi24$ 的已知圆。

(3)确定半径为 29 的圆的圆心。调用"偏移"命令,将直线 AB 向右偏移 5 个单位,再将偏移后的直线调整到合适的长度,该直线与直线 CD 的交点为 O_2。

(4)调用"圆"命令,以交点 O_2 为圆心,绘制半径为 29 的圆。完成的图形如图 4-6 所示。

9. 绘制连接弧 R24 和 R36

在"修改"工具栏中单击"圆角"按钮,调用"圆角"命令,给定圆角半径为 24,在直线 OP 上单击作为第一个对象,在半径为 29 的圆的右上部单击,作为第二个对象,完成 $R24$ 圆弧连接。

同理以 36 为半径,完成直线 QR 和直径为 24 的圆的圆弧连接。结果如图 4-7 所示。

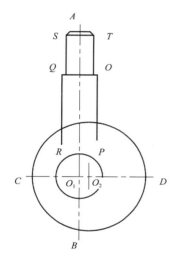

图 4-6 绘制已知圆

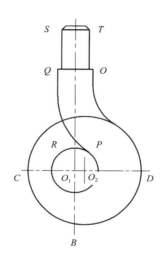

图 4-7 绘制连接弧

10. 绘制钩尖处半径为 24 的圆弧

因为 $R24$ 圆弧的圆心纵坐标轨迹已知(距 CD 直线向下为 9 个单位的直线上),另一坐标未知,所以属于中间圆弧。又因该圆弧与直径为 24 的圆相外切,可以用外切原理求出圆心坐标轨迹。两圆心轨迹的交点即是圆心点。

(1)确定圆心。调用"偏移"命令,将直线 CD 向下偏移 9 个单位,得到直线 XY。

再调用"偏移"命令,将直径为 24 的圆向外偏移 24 个单位,得到与 $\phi24$ 相外切的圆的圆心轨迹。圆与直线 XY 的交点 O_3 为连接弧圆心。

(2)绘制连接圆弧。调用"圆"命令,以 O_3 为圆心,绘制半径为 24 的圆,结果如图 4-8 所示。

11. 绘制钩尖处半径为 14 的圆弧

因为 $R14$ 圆弧的圆心在直线 CD 上,另一坐标未知,所以该圆弧属于中间圆弧。又因该圆弧与半径为 29 的圆弧相外切,可以用外切原理求出圆心坐标轨迹。同前面一样,两圆心轨迹的交点即是圆心点。

(1)调用"偏移"命令,将半径为 29 的圆向外偏移 14 个单位,得到与 $R29$ 相外切的圆的圆心轨迹。该圆与直线 CD 的交点 O_4 为连接弧圆心。

(2)调用"圆"命令,以 O_4 为圆心,绘制半径为 14 的圆,结果如图 4-9 所示。

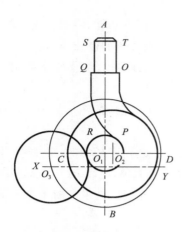

图 4-8　绘制 *R24* 连接弧

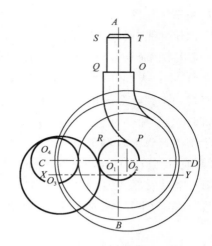

图 4-9　绘制 *R14* 连接弧

12. 绘制钩尖处半径为 2 的圆弧

R2 圆弧与 *R14* 圆弧相外切,同时又与 *R24* 的圆弧相内切,因此可以用"圆角"命令绘制。

调用"圆角"命令,给出圆角半径为 2 个单位,在半径为 14 的圆上右偏上的位置单击,作为第一个圆角对象,在半径为 24 的圆上右偏上位置单击,作为第二个圆角对象,结果如图 4-10 中修订云线所示。

13. 编辑修剪图形

(1)删除两个辅助圆。

(2)修剪各圆和圆弧至合适的长短。

(3)用夹点编辑或打断的方法调整中心线的长度,完成的图形如图 4-11 所示。

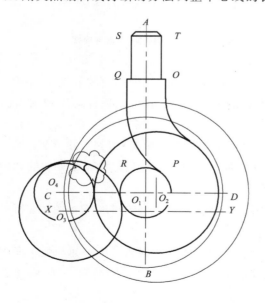

图 4-10　绘制 *R2* 连接弧

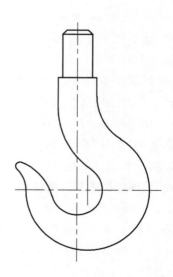

图 4-11　完成图

14. 保存图形

单击"保存"按钮,选择合适的位置,以"图 4-1"为名保存。

4.2 绘制平面图形综合实例 2——三视图

绘制组合体三视图前,首先应对组合体进行形体分析。分析组合体是由哪几部分组成的,每一部分的几何形状,各部分之间的相对位置关系,相邻两基本体的组合形式等。然后根据组合体的特征选择主视图,主视图的方向确定之后,其他视图的方向也就随之确定。

任务:绘制如图 4-12 所示的三视图。

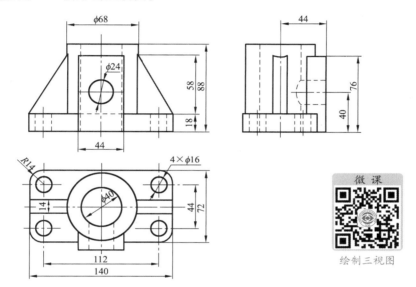

微课

绘制三视图

图 4-12　轴承座三视图

目的:通过绘制此图形,熟悉三视图的绘制方法和技巧,学会利用"构造线"(即"辅助线")方法和对象捕捉、对象捕捉追踪的方法,来保证三视图的三等关系,提高绘图速度。

图形分析:

绘制此图形,首先应利用形体分析方法,读懂图形,弄清图形结构和各图形间的对应关系。此轴承座可分为四部分,长方体的底座、上部的圆筒、两侧的肋板和前部带圆孔的长方体立板,空心圆筒位于底板的正上方,肋板对称分布在圆筒的左右两侧。画图时应按每个结构在三个视图中同时绘制,不要一个视图画完之后再去画另一个视图。

绘制该图形时,应首先绘制出中心线,确定出三视图的位置,然后绘制底板的外形结构,其次绘制圆筒,再绘制两侧的肋板、前部立板,最后绘制各个结构的细小部分。

在 AutoCAD 下画图,无论是多大尺寸的图形,都可以按照 1∶1 的比例绘制。根据该图形的大小,图形界限可以设置成 A3 纸横放(420×297)。图层应该包括用到的线型和辅助线。

绘图步骤分解:

1.绘图环境设置

(1)设置图形界限

新建一张图纸,按该图形的尺寸,图纸大小应设置成 A3 纸横放,取系统的默认值,因此图形界限为 420×297。然后再单击"标准"工具栏上的"全部缩放"按钮,运行"图形缩放"命令中的"全部"选项。

(2)设置对象捕捉

在"草图设置"对话框中,选择"交点"、"端点"、"中点"和"圆心"等选项,并启用"对象捕捉"功能。

2. 设置图层

按图形要求,打开"图形特性管理器"选项板,设置"轮廓线"层、"中心线"层、"虚线"层和"辅助线"层。

3. 绘制"中心线"等基准线和辅助线

(1)绘制基准线

选择"中心线"层,调用"直线"命令,绘制出主视图和俯视图的左右对称中心线 BE,俯视图的前后对称中心线 FA,左视图的前后对称中心线 CD。在"轮廓线"层,绘制主视图、左视图的底面基准线 GH、IJ。

(2)绘制辅助线

选择"辅助线"层,调用"构造线"命令,通过 FA 与 CD 的交点 C,绘制一条－45°的构造线,结果如图 4-13 所示。

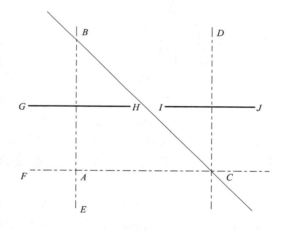

图 4-13 绘制基准线及辅助线

4. 绘制底板外形

绘制底板时,可暂时画出其大致结构,待整个图形的大致结构绘制完成后,再绘制细小结构。

(1)利用"偏移"命令绘制轮廓线

①调用"偏移"命令,将 GH、IJ 向上偏移复制 18 个单位,AB 向左、右各偏移复制 70 个单位,FA 向上、下各偏移复制 36 个单位,CD 向左、右各偏移复制 36 个单位。

②选择刚刚偏移得到的点画线型轮廓线,打开"图层"工具栏上的"图层控制"列表,将所选择的线调整到"轮廓线"层。结果如图 4-14 所示。

（2）用"修剪""圆角"命令完成底板外轮廓绘制

参照综合实例 1，用"修剪""圆角"命令修剪三个视图，结果如图 4-15 所示。

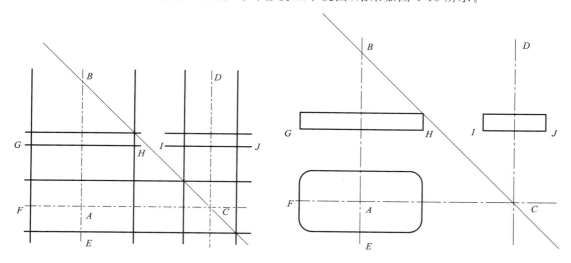

图 4-14　绘制底板轮廓线　　　　　　　　图 4-15　修剪后的底板三视图

如果觉得三个视图同时偏移后再修剪，图形较乱，感到无从下手，可一个视图一个视图地分别操作，底板三视图也可利用"矩形"命令绘制。

5.绘制上部圆筒

（1）绘制俯视图的圆

将"轮廓线"层置为当前层，调用"圆"命令，以交点 A 为圆心，分别以 20 和 34 为半径绘制直径为 40 和 68 的圆。

（2）绘制主视图轮廓线

①画主视图和左视图上端直线。在"修改"工具栏中单击"偏移"按钮，调用"偏移"命令，将 GH、IJ 向上偏移复制 88 个单位。

②画主视图圆筒内、外圆柱面的转向轮廓线。在"绘图"工具栏中单击"构造线"按钮，调用"构造线"命令，捕捉俯视图上 1、2、3、4 各点绘制铅垂线。

（3）绘制左视图轮廓线

调用"偏移"命令，将偏移距离分别设置为 20 和 34，对左视图中心线 CD 向两侧偏移复制。

（4）将内孔线调整到虚线层

利用"图层"工具栏或"特性"选项板将内孔轮廓线调整到"虚线"层，将左视图外孔轮廓线调整到"轮廓线"层，结果如图 4-16 所示。

（5）修剪图形

参照前面修剪步骤，用"修剪"命令修剪主视图和左视图，结果如图 4-17 所示。

6.绘制左、右肋板

肋板在俯视图和左视图上的前后轮廓线投影可根据尺寸通过偏移对称中心线直接画出，而肋板斜面在主视图和左视图上的投影则要通过三视图的投影关系获得。

（1）在俯视图、左视图上偏移复制肋板前后面投影

在"修改"工具栏上单击"偏移"按钮，调用"偏移"命令，将中心线 *FC* 向上、下各偏移复制 7 个单位，将中心线 *CD* 向左、右各偏移复制 7 个单位。

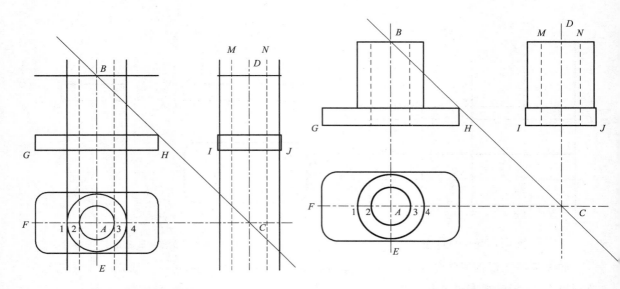

图 4-16　绘制圆筒三视图之一　　　　　　图 4-17　绘制圆筒三视图之二

（2）确定肋板在主视图、左视图上的最高位置的辅助线

调用"偏移"命令，将基准线 *GH*、*IJ* 向上偏移复制 76 个单位，得到辅助直线 *PQ* 和 *RS*。

（3）在主视图中确定肋板的最高位置点

调用"构造线"命令，捕捉交点 5，绘制铅垂线，铅垂线与 *PQ* 的交点为 6。直线 56 即是圆筒在主视图上的内侧线位置。结果如图 4-18 所示。

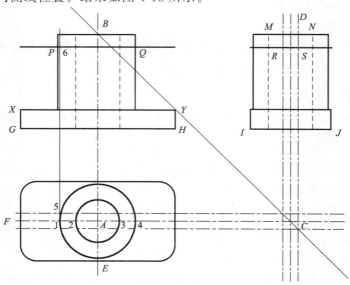

图 4-18　绘制肋板三视图

（4）绘制主视图上肋板斜面投影

①调用"窗口缩放"命令，放大主视图肋板的顶尖部分。

②调用"直线"命令，画线连接顶尖点 6 和下边缘点 X，绘制出主视图中肋板斜面投影，与圆筒左侧轮廓线交于 7 点，如图 4-19 所示。

（5）修剪三个视图中多余的线

调用"修剪"命令，将主视图的左侧肋板投影，俯视图及左视图中肋板投影修剪成适当长短，在修剪过程中，可随时调用"实时平移""实时放大""缩放上一窗口"命令，以便于图形编辑。

删除偏移辅助线 RS。

将偏移的肋板侧线调整到"轮廓线"层。结果如图 4-20 所示。

（6）镜像复制主视图中右侧肋板

首先删除主视图中圆柱筒右侧的线，然后镜像复制左侧线和肋板投影线。也可用画左侧肋板的方法绘制。

①选择主视图中圆筒右侧转向轮廓线，删除。

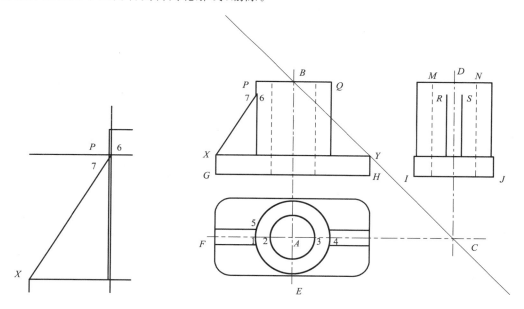

图 4-19　连接主视图中的斜线　　　　　　　　　图 4-20　修剪后的肋板三视图

②调用"镜像"命令，选择主视图左侧的三根线，以中心线 AB 为镜像轴线，镜像复制三根直线。

（7）绘制左视图中肋板与圆筒相交弧线 $R9S$

①调用"窗口放大"命令，在主视图 Q 点的左上角附近单击，向右下拖动鼠标，在左视图 S 点右下角附近单击，使这一区域在屏幕上显示。

②调用"构造线"命令，选择"水平线"选项，捕捉圆筒右侧转向轮廓线与右肋板交点 8，绘制水平线，水平线与 CD 交点 9。

③调用"圆弧"命令，用三点弧方法，捕捉左视图上端点 R、交点 9、端点 S，绘制截交

线 $R9S$。

④删除辅助线 89,结果如图 4-21 所示。

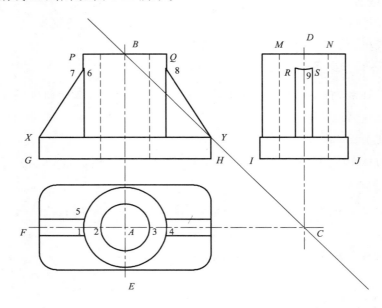

图 4-21　完成的肋板三视图

7. 绘制前部立板

(1)绘制前部立板外形的已知线

①调用"偏移"命令,输入偏移距离 22,向左、右各偏移复制中心线 AB,绘制主视图和俯视图中前板的左、右轮廓线。

②调用"偏移"命令,输入偏移距离 76,向上偏移复制基准线 GH、IJ,得到前板上表面在主视图、左视图中的投影轮廓线。

③调用"偏移"命令,输入偏移距离 44,向下偏移复制俯视图的中心线 FC,向右偏移复制左视图的中心线 CD,在俯视图和左视图中得到前部立板在俯视图和左视图中的前表面的投影。

④调用"修剪"和"倒角"命令,修剪图形,结果如图 4-22 所示。

(2)绘制左视图前部立板与圆筒交线 UV

利用"对象捕捉"和"对象捕捉追踪"功能,用"直线"命令绘制左视图中前板与圆筒的交线。

同时打开"对象捕捉""正交""对象捕捉追踪"功能,调用"直线"命令,当命令行提示"指定第一个点:"时,在 10(两线交点)点附近移动鼠标,当出现交点标记时向右移动鼠标,出现追踪蚂蚁线,移到 $-45°$ 辅助线上出现交点标记时单击鼠标左键。如图 4-23 所示。再向上移动鼠标,在左视图上方单击,绘制出垂直线 UV。调用"修剪"命令,修剪图形,得到前部立板在左视图中的投影,结果如图 4-24 中左视图所示。

(3)绘制前部立板圆孔

首先绘制各视图中圆孔的定位中心线、主视图中的圆,在左视图和俯视图中偏移复制中心线,获得孔的转向轮廓线,再利用辅助线法绘制左视图的相贯线。

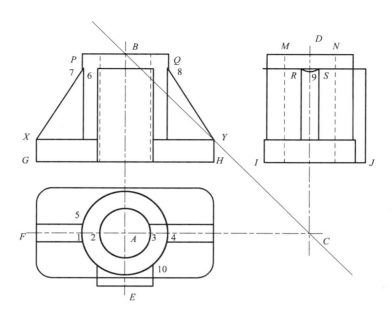

图 4-22　绘制前部立板三视图之一

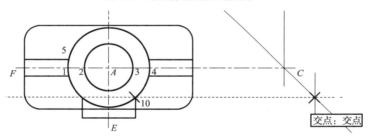

图 4-23　绘制前部立板三视图之二

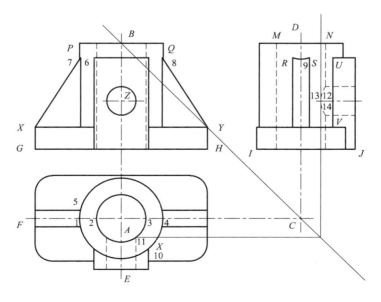

图 4-24　绘制前部立板三视图之三

①调用"偏移"命令,输入偏移距离 40,向上偏移复制基准线 GH、IJ,再将偏移所得到的直线改到"中心线"层,调整到合适的长短。

②绘制主视图中的圆。调用"圆"命令,以交点 Z 为圆心、12 为半径绘制主视图中孔的投影。

③绘制圆孔在俯视图中投影。调用"偏移"命令,输入偏移距离 12,将俯视图中的左右对称中心线 AE 分别向两侧偏移复制。再将偏移所得到的直线改到"虚线"层,修剪到合适的长短。

④绘制圆孔在左视图中投影。调用"偏移"命令,输入偏移距离 12,将左视图中基准线 IJ 向上偏移所得的水平中心线分别向上、下复制。再将偏移所得到的直线改到"虚线"层,修剪到合适的长短。

⑤绘制左视图的相贯线。在"辅助线"层,利用前面用到的绘制前部立板与圆筒在左视图中交线 UV 的方法,捕捉交点 11,绘制左视图中垂直辅助线,得到与中心线的交点 13。在"虚线"层,用三点法绘制圆弧,选择点 12、13、14 三点,得到相贯线,结果如图 4-24 所示。

8. 编辑图形

①删除多余的线。

②调用"打断"命令,在主视图和俯视图中间,打断中心线 BE。

③调整各图中心线到合适的长短,完成全图,如图 4-12 所示。

9. 保存图形

调用"保存"命令,以"图 4-12"为名保存图形。

4.3　绘制平面图形综合实例 3——轴测图

轴测图又称立体图,常用的有正等轴测图和斜二轴测图。绘制轴测图时也要对图形进行形体分析,分析组合体的组成,然后作图。

AutoCAD 在绘制正等轴测图时,专门设置了"等轴测捕捉"的栅格捕捉样式。而画斜二轴测图时利用 45°的极轴追踪很容易绘制。所以这里只介绍正等轴测图的绘制方法。

任务:绘制如图 4-25 所示的轴测图。

目的:通过绘制此图形,熟悉轴测图的绘制方法和技巧。

图形分析:

该图形表示的是一个正等轴测图。水平方向是一个长方体的板上开一个圆形通孔,并倒有圆角。正立面结构与水平面相同。侧面上用一个水平面和一个侧垂面截去一个角。

绘图步骤分解:

1. 新建图形

创建一张新图,选择默认设置。

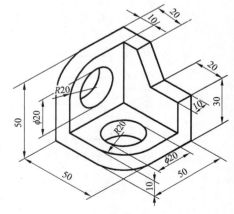

图 4-25　轴测图

2. 设置对象捕捉

绘制该图形时，常会用到"端点"、"中点"、"交点"、"圆心"和"象限点"，打开"草图设置"对话框，选择"对象捕捉"选项卡，设置以上捕捉选项。

3. 设置图层

该图形只用到了粗实线，所以可以只设置一个"轮廓线"层，线型为 Continuous，线宽为0.5 mm。

4. 设置捕捉类型和样式

在状态栏的"捕捉模式"或"栅格显示"按钮上单击鼠标右键，在弹出的快捷菜单中选择"设置"选项，系统弹出"草图设置"对话框，打开"捕捉和栅格"选项卡，将"捕捉类型"设置为"等轴测捕捉"，如图 4-26 所示。

图 4-26 "捕捉和栅格"选项卡

单击"确定"按钮，此时光标变成了等轴测光标，如图 4-27 所示。光标方向可通过 F5 键切换。

(a) 等轴测左   (b) 等轴测右   (c) 等轴测上

图 4-27 等轴测光标

5. 绘制水平底板

（1）绘制上表面

按 F5 键，将光标切换至"等轴测上"状态。调用"直线"命令，打开"正交"功能，在屏幕上任意一点单击鼠标左键，确定点 A，向右上移动鼠标，输入长度值 40，回车，确定点 B。再向右下移动鼠标，输入长度值 40，回车，确定点 C。依此类推，画出上表面的菱形，如图 4-28 所示。

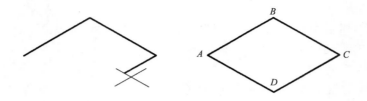

图 4-28   绘制上表面

(2)绘制左表面

按 F5 键,将光标切换至"等轴测左"状态。调用"直线"命令,捕捉点 A,向下移动鼠标,给出距离 10,回车,确定点 E。向右下移动鼠标,给定距离 40,确定点 F,向上移动鼠标,捕捉端点 D,完成左表面 $AEFD$ 的绘制,如图 4-29(a)所示。

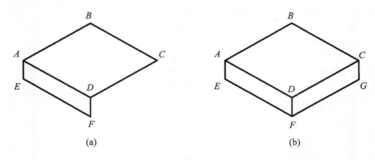

(a)   (b)

图 4-29   绘制左表面、前表面

(3)绘制前表面

按 F5 键,将光标切换至"等轴测右"状态。以同样的方法,绘制前表面线 FGC,得前表面 $FGCD$,如图 4-29(b)所示。

6.绘制右侧、后侧立板

(1)按 F5 键,切换鼠标方向,按尺寸要求绘制右侧、后侧立板的内侧轮廓线,再绘制外侧框线。

(2)删除 AE、CG 处线段,如图 4-30 所示。

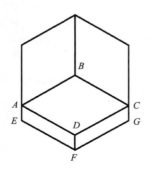 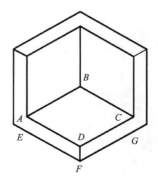

图 4-30   绘制立板

7. 绘制底面圆孔

(1)确定椭圆中心

调整光标至"等轴测上"状态,调用"直线"命令,连接 AB、CD 的中点和 AD、BC 的中点,连线的交点 O 为圆孔在上表面的中心。

(2)绘制椭圆

单击"绘图"工具栏上的"椭圆"按钮,调用"椭圆"命令,AutoCAD 提示:

命令:_ellipse

指定椭圆轴的端点或[圆弧(A)/中心点(C)/等轴测圆(I)]:**I**↙　　　//绘制等轴测圆

指定等轴测圆的圆心:**捕捉交点 O**

指定等轴测圆的半径或[直径(D)]:**10**↙　　　　　　　　　//上表面椭圆完成

(3)绘制下底面椭圆

调整光标至"等轴测左"或"等轴测右"状态,"正交"功能处于打开状态,调用"复制"命令,向下 10 个单位复制刚刚绘制的椭圆,如图 4-31(a)所示。

(4)修改图形

删除确定中心的辅助直线。

再以上表面椭圆为修剪边界,修剪下底面椭圆线,结果如图 4-31(b)所示。

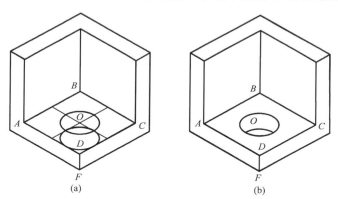

(a)　　　　　　　　　　　(b)

图 4-31　绘制椭圆

8. 绘制底面圆角

调用"椭圆"命令,选择"等轴测圆(I)"选项,以上表面椭圆中心为圆心,绘制半径为 20 的椭圆,再向下复制该椭圆,如图 4-32(a)所示。

再调用"修剪"命令修剪图形,结果如图 4-32(b)所示。

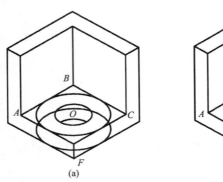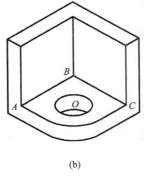

图 4-32　绘制底面圆角

> **提示、注意、技巧**
>
> 此处不能用"圆角"命令,因为轴测图中的圆角是椭圆弧,而用"圆角"命令所绘制的弧线为圆弧。

9. 绘制后侧立面的圆孔和倒圆角

调整光标至"等轴测右"状态,用前面的方法绘制圆孔和倒圆角,结果如图 4-33 所示。

10. 绘制右侧结构

(1)将光标调整至"等轴测右"状态,"正交"功能处于打开状态,调用"直线"命令,捕捉端点 P,向上 30 个单位,绘制直线 PH,向左 10 个单位,确定点 I,按 F5 键,调整光标至"等轴测左"状态,向左上移动鼠标,给定距离 20 个单位,确定点 J。

(2)再调用"直线"命令,将光标调整至"等轴测上"状态,捕捉点 Z,向右下移动鼠标,给定距离 20 个单位,确定点 M,再向左下移动鼠标,给定距离 10,确定点 N[图 4-34(a)],按 F8 键,关闭"正交"功能,捕捉点 J,完成折线 $ZMNJ$ 的绘制。

(3)调用"直线"命令,捕捉点 H,打开"正交"功能,给定距离 20,绘制 HK,按 F8 键,关闭"正交"功能,捕捉点 M,完成拆线 HKM 的绘制。

(4)调用"直线"命令,连接 JK。结果如图 4-34(b)所示。

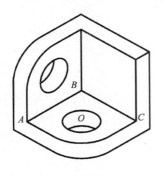

图 4-33　绘制正立面结构

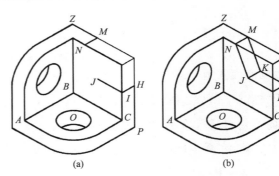

图 4-34　绘制右侧立面结构

提示、注意、技巧

　　直线 *HI* 与 *PF* 的距离为 30 个单位,在轴测图中不能用偏移复制方法获得。因为偏移复制所给的距离为原直线与偏移复制的直线间的垂直距离,如图 4-35 所示。

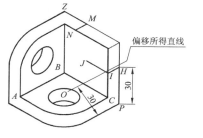

图 4-35　轴测图中偏移直线

11. 编辑整理图形

删除直线 *ZM*、*PH*,用"修剪"命令修剪图形。完成图形如图 4-25 所示。

12. 保存图形

调用"保存"命令,以"图 4-25"为名保存图形。

习　题

1. 绘制图 4-36 ~ 图 4-42 所示的平面图形。

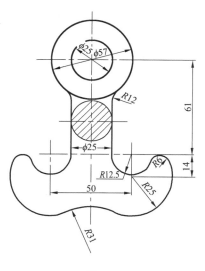

图 4-36

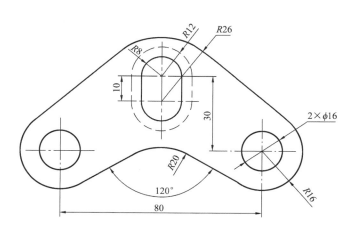

图 4-37

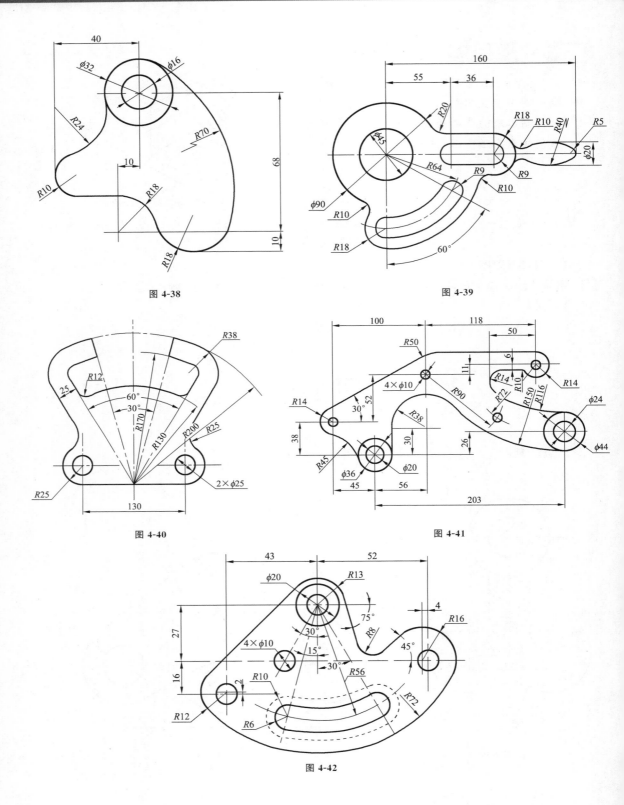

图 4-38

图 4-39

图 4-40

图 4-41

图 4-42

2.绘制图 4-43、图 4-44 所示的三视图。

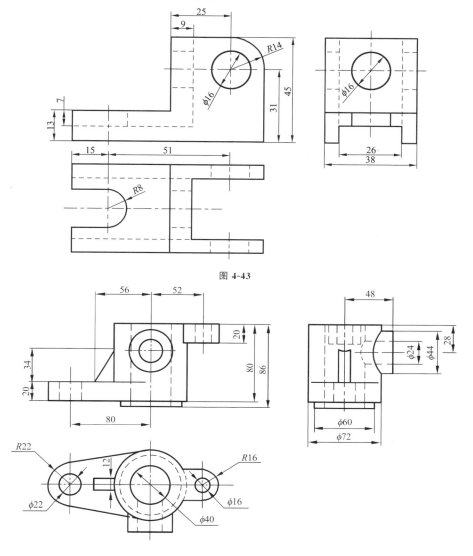

图 4-43

图 4-44

3.绘制图 4-45、图 4-46 所示的两视图,并补出第三视图。

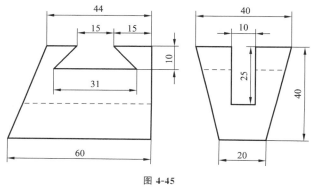

图 4-45

4. 绘制图 4-47～图 4-49 所示的图形。

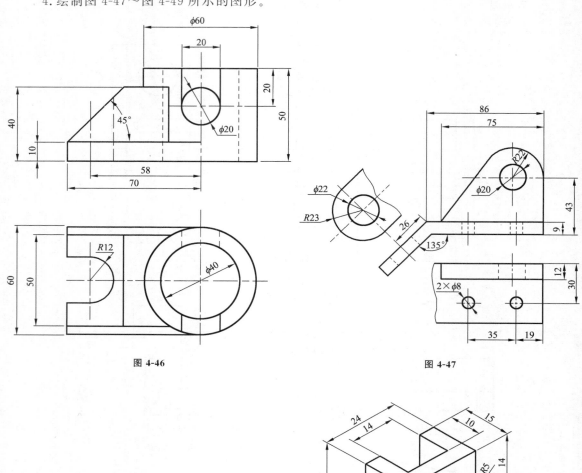

图 4-46   图 4-47

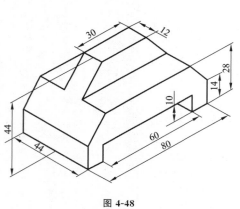

图 4-48

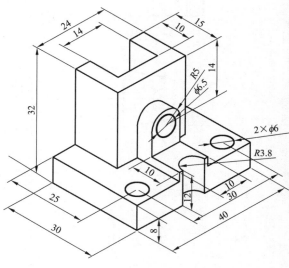

图 4-49

第 5 章
绘制机械图样实例

本章要点:

本章通过典型机械图样,介绍文字标注、尺寸标注、块、样板图与设计中心等知识,旨在使用户掌握机械图样的绘制方法。

思政导读:

2021 年 10 月 16 日,神州十三号载人飞船与天宫空间站完成自主快速交会对接,三名航天员成功进驻中国空间站天和核心舱,开启了中国空间站有人长期驻留时代,成功洗刷了 20 多年的耻辱。当年中国加入美国主导的国际空间站被拒,从那时候开始,国人就下定决心,一定要掌握自己的空间站技术。对比之下,美国主导的国际空间站则问题频发,用不了多久就要退役,由于美国无力建设新的空间站,所以众多美国盟友希望能够与中国合作,加入天宫空间站项目,这是我国航天人六十多年来脚踏实地、锲而不舍、自强不息获得的又一次伟大胜利。

5.1 绘制机械图样实例 1——扳手零件图

任务: 绘制如图 5-1 所示的扳手零件图。

目的: 通过此实例,熟悉文字标注、尺寸标注等部分知识,掌握机械图样的绘制方法。

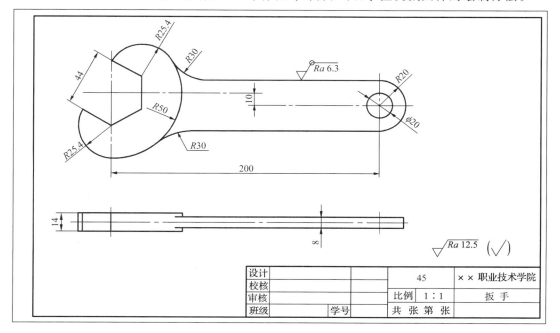

图 5-1 扳手零件图

绘图步骤分解：

1.创建图层

按需要创建如图 5-2 所示的图层。

2.绘制边框

微 课

绘制扳手零件图

绘制两个矩形，为 A3 图纸的大小和边框线，粗、细实线应设在不同的图层上，尺寸如图 5-3 所示。

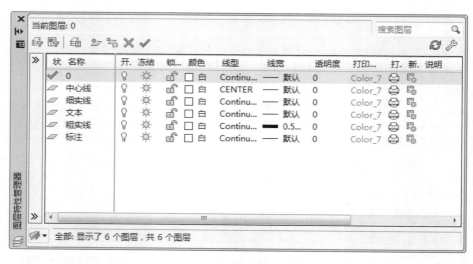

图 5-2   创建图层

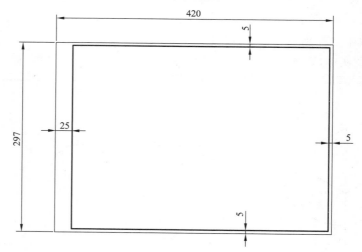

图 5-3   A3 图纸的边框线

3.绘制标题栏

（1）画出标题框

使用"矩形"命令在"粗实线"层绘制 180 mm×30 mm 的矩形。

使用"分解"命令将矩形炸开，再使用"偏移"命令复制标题栏的内部直线，再使用"修剪"命令修剪图线，最后将内部的图线调整到"细实线"层，如图 5-4 所示。

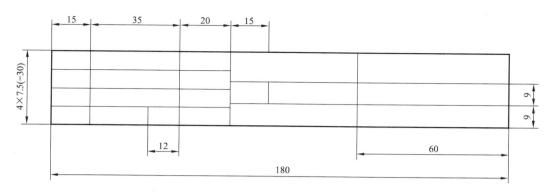

图 5-4　标题框

（2）填充文字

①创建文字样式

设置文字样式是进行文字和尺寸标注的首要任务。在 AutoCAD 中，文字样式用于控制图形中所使用文字的字体、高度和宽度系数等。在一幅图形中可定义多种文字样式，以适合不同对象的需要。此例中需创建"汉字"和"符号"两种文字样式。"汉字"文字样式用于输入汉字；"符号"文字样式用于输入非汉字符号。

要创建"汉字"文字样式，可按如下步骤进行操作。

● 可用以下方法当中的任意一种方法，打开"文字样式"对话框，如图 5-5 所示。

样式工具栏：**A**

下拉菜单：[格式][文字样式]

命令窗口：STYLE↙

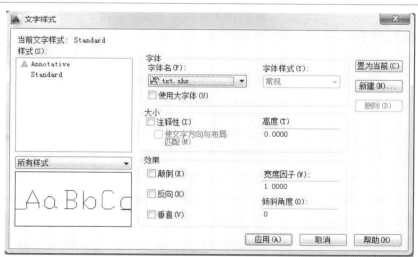

图 5-5　"文字样式"对话框

● 默认情况下，文字样式名为 Standard，字体为 txt，高度为 0.000，宽度因子为 1.000。

若要生成新的文字样式"汉字"，则可在该对话框中单击"新建"按钮，打开"新建文字样式"对话框，在"样式名"文本框中输入文字样式名称"汉字"，如图 5-6 所示。

● 单击"确定"按钮，返回"文字样式"对话框。

● 在"字体"设置区中，字体选择"gbenor.shx"，选择"使用大字体"复选框，大字体样式为

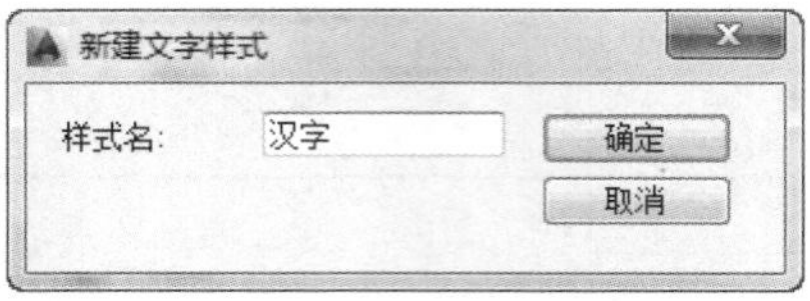

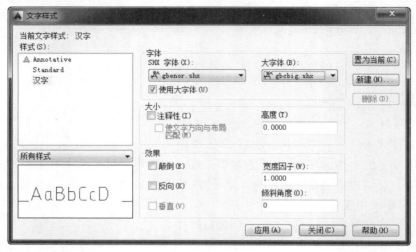

图 5-6 "新建文字样式"对话框

"gbcbig.shx",高度为 0.000,宽度因子为 1.000,如图 5-7 所示。

图 5-7 设置字体

提示、注意、技巧

　　选择"使用大字体"复选框,可创建支持汉字等大字体的文字样式,此时"大字体"下拉列表框被激活,从中选择大字体样式,用于指定大字体的格式,如汉字等大字体,常用大字体样式为"gbcbig.shx"。

　　"高度":用于设置输入文字的高度。若设置为 0.000,输入文字时将提示指定文字高度。

● 单击"应用"按钮,将对文字样式进行的设置应用于当前图形。
● 单击"关闭"按钮,保存样式设置。

用类似的方法创建"符号"文字样式,字体选择"gbenor.shx",不使用大字体,高度为 0.000,宽度因子为 1.000。

②填写图名文字"扳手"

将图层切换到"文本"层。将"汉字"文字样式设置为当前文字样式(方法 1:在"样式"工具栏中切换;方法 2:在"文字样式"对话框中把"汉字"文字样式置为当前)。

画出辅助对角线 MN。

采用单行文字填写标题栏。注写单行文字的步骤如下:

文字工具栏:**AI**
下拉菜单:[绘图][文字][单行文字]
命令窗口:DTEXT(DT)↙

输入"单行文字"命令,AutoCAD 提示：

命令：_text　　　　　　　　　　　　　　//调用"单行文字"命令

当前文字样式："汉字"　文字高度：2.5000　注释性：否

指定文字的起点或[对正(J)/样式(S)]：**J** ↙

输入选项[对齐(A)/布满(F)/居中(C)/中间(M)/右对齐(R)/左上(TL)/中上(TC)/右上(TR)/左中(ML)/正中(MC)/右中(MR)/左下(BL)/中下(BC)/右下(BR)]：**MC** ↙

//在提示的快捷菜单选项中选择"正中(MC)"

指定文字的中间点：　　　　　　　　//捕捉 MN 中点

指定高度 <2.5000>：**7** ↙　　　　　//给定文字高度

指定文字的旋转角度 <0>：↙　　　　//选择默认旋转角度

然后输入"扳手"两个字,如图 5-8 所示,回车两次,结束命令。删除直线 MN。

注意:"扳手"两个字中间有一个空格,如书写时没有加,可双击"扳手"文字,重新编辑,加上空格,否则文字太密,不协调。

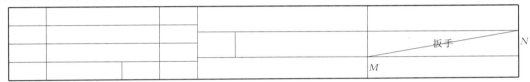

图 5-8　填写图名

提示、注意、技巧

当我们在填写文字前忘记将当前样式设置为"汉字"时,可以在运行命令的过程中,选择已有的文字样式。操作如下：

命令：_text

当前文字样式："符号"　当前文字高度：2.5000

指定文字的起点或[对正(J)/样式(S)]：**S** ↙

//选择其他文字样式

输入样式名或[?]<汉字>：**?**　　　//当记不清文字样式名时输入"?"号查询

输入要列出的文字样式 <*>：↙　//回车,弹出如图 5-9 所示的 AutoCAD 文本窗口,列出所有文字样式

在 AutoCAD 文本窗口中查询到所需要的样式名后,在命令行中输入,然后继续编辑文字。

③填写"设计"文字

输入"单行文字"命令,AutoCAD 提示：

命令：_text

当前文字样式："汉字"　当前文字高度：7.0000　注释性:否

指定文字的起点或[对正(J)/样式(S)]：**J** ↙

输入选项[对齐(A)/布满(F)/居中(C)/中间(M)/右对齐(R)/左上(TL)/中上(TC)/右上(TR)/左中(ML)/正中(MC)/右中(MR)/左下(BL)/中下(BC)/右下(BR)]：**MC** ↙

//在提示的快捷菜单选项中选择"正中(MC)"

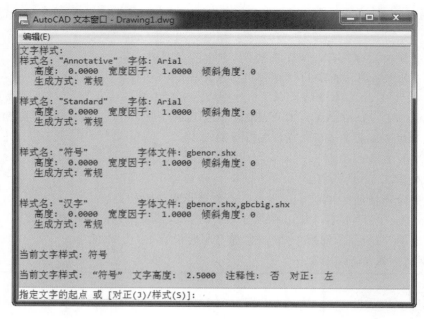

图 5-9　AutoCAD 文本窗口

指定文字的中间点：　　　　　　　　　//捕捉中点

指定高度＜7.0000＞：**5** ↙　　　　　//给定新的高度值

指定文字的旋转角度＜0＞：↙　　　　//回车

输入"设计"两个字，两次回车，结束命令。

④填写其他文字

当然也可以将光标置于其他格中，填写其他文字。我们这里介绍利用"复制"和"编辑"的方法，这样使填写的文字更加整齐。

调用"复制"命令，以"设计"所在格的左上角点为基准点，复制出如图 5-10 所示位置的文字，然后将复制的"设计"双击或通过快捷菜单"特性"命令修改，进入编辑文字状态，即可对要修改的文字内容进行修改。

设计					
设计					
设计					扳手
设计					

图 5-10　复制"设计"

用类似的方法填写完标题栏，如图 5-11 所示。

设计			45		××职业技术学院
校核					
审核		比例	1：1		扳手
班级		学号	共　张　第　张		

图 5-11　填写标题栏

提示、注意、技巧

　　设置文字及其他对齐方式时,可参照下面的提示进行操作。

　　对齐(A):选择该选项后,AutoCAD 将提示用户确定文字行的起点和终点。输入结束后,系统将自动调整各行文字高度,以使文字适于放在两点之间。

　　布满(F):确定文字行的起点、终点。在不改变高度的情况下,系统将调整宽度因子,以使文字适于放在两点之间。

　　左上(TL):文字对齐在第一个文字单元的左上角点。

　　左中(ML):文字对齐在第一个文字单元左侧的垂直中点。

　　左下(BL):文字对齐在第一个文字单元的左下角点。

　　正中(MC):文字对齐在文字行垂直中点和水平中点。

　　中上(TC):文字的起点在文字行顶线的中间,文字向中间对齐。

　　居中(C):文字的起点在文字行基准底线的中间,文字向中间对齐。

　　另外,文字注写默认的选项是"左上(TL)"方式。其余各选项的释义留给读者自行实践,不再详述。

4.绘制图形

略。

5.标注尺寸

在 AutoCAD 中标注尺寸,可通过操作下拉菜单[标注]或"标注"工具栏(图 5-12)中的尺寸标注命令来完成。

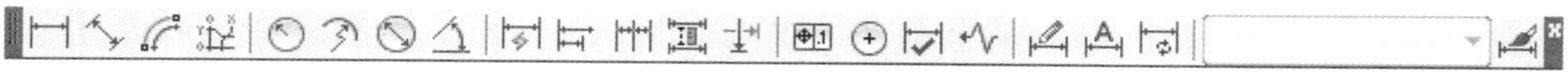

图 5-12　"标注"工具栏

在 AutoCAD 中,对图形进行尺寸标注应遵循以下步骤:

◆ 创建标注层

在 AutoCAD 中编辑、修改工程图样时,由于各种图线与尺寸混杂在一起,故其操作非常不方便。为了便于控制尺寸标注对象的显示与隐藏,在 AutoCAD 中要为尺寸标注创建独立的图层,并运用图层技术使其与图形的其他信息分开,以便于操作。

◆ 建立用于尺寸标注的文字样式

为了方便在尺寸标注时修改所标注的各种文字,应建立专门用于尺寸标注的文字样式。在建立尺寸标注文字样式时,应将文字高度设置为 0.000,如果文字类型的默认高度值不为 0.000,则"新建标注样式"对话框"文字"选项卡中的"文字高度"选项框将不起作用。本例选择前面创建的"符号"文字样式用于尺寸标注。

◆ 设置尺寸标注样式

标注样式是尺寸标注对象的组成方式。诸如标注文字的位置和大小、箭头的形状等。设置尺寸标注样式可以控制尺寸标注的格式和外观,有利于执行相关的绘图标准。

◆ 捕捉标注对象并进行尺寸标注

(1)设置尺寸标注样式

通常先设置一个"基本样式",按照机械制图的绘图标准设置必要的参数,以确保能用于常用标注类型的尺寸标注,而其他如带有前后缀、水平放置等特殊要求的标注,可单独设置样式或在"基本样式"的基础上使用"样式替代"稍加修改即可。

①新建标注样式

● 可用以下方法当中的任意一种方法,打开"标注样式管理器"对话框,如图 5-13 所示。

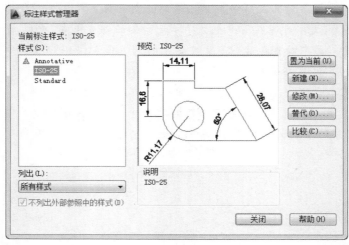

图 5-13 "标注样式管理器"对话框

● 单击"新建"按钮,打开"创建新标注样式"对话框。在"新样式名"文本框中输入新的样式名称如"基本样式";在"基础样式"下拉列表中选择默认基础样式为"ISO-25";在"用于"下拉列表中选择"所有标注",以应用于各种尺寸类型的标注,如图 5-14 所示。

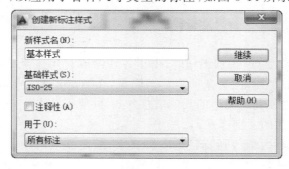

图 5-14 "创建新标注样式"对话框

● 单击"继续"按钮,打开"新建标注样式"对话框,如图 5-15 所示。利用"线"、"符号和箭头"、"文字"和"主单位"等 7 个选项卡可以设置标注样式的所有内容。

● 设置完毕,单击"确定"按钮,这时会得到一个新的尺寸标注样式。

● 在"标注样式管理器"对话框的"样式"列表中选择新创建的样式"基本样式",单击"置为当前"按钮,将其设置为当前样式,用这个样式可以进行相应标注形式的标注。

②设置"线"选项卡

"线"选项卡用于设置尺寸线、尺寸界线的格式和位置,如图 5-16 所示。

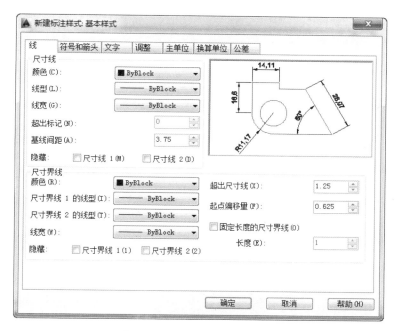

图 5-15 "新建标注样式"对话框

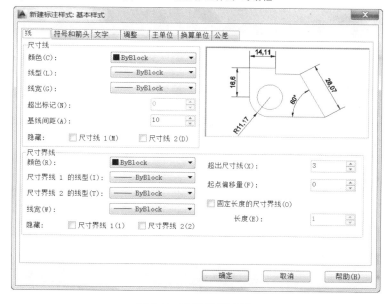

图 5-16 设置"线"选项卡

● 尺寸线

"尺寸线"设置区:设置尺寸线的颜色、线型、线宽、超出标记、基线间距和隐藏控制等。设置时要注意以下几点:

a.颜色、线型和线宽:用于设置尺寸线的颜色、线型和线宽。常规情况下,尺寸线的颜色、线型和线宽都采用"ByLayer"(随层)。

b.超出标记:当尺寸线截止符是箭头时此选项不可用。

c.基线间距:即指使用基线尺寸标注时,两条尺寸线之间的距离,这个值要视字高来确定,这里暂选用 10。

d.隐藏:通过选择"尺寸线 1"和"尺寸线 2"复选框,可以控制尺寸线两个组成部分的可见性。

● 尺寸界线

"尺寸界线"设置区:设置尺寸界线的颜色、线型、线宽、超出尺寸线的长度、起点偏移量和隐藏控制等。其意义如下:

a.颜色、线型和线宽:设置为"ByLayer"(随层)。

b.超出尺寸线:用于控制尺寸界线超出尺寸线的距离,国标中规定为 2～3 mm,在这里选用 3。

c.起点偏移量:用于控制尺寸界线到定义点的距离,国标中机械制图设该值为 0。

d.隐藏:通过选择"尺寸界线 1"和"尺寸界线 2"复选框,可以控制第 1 条和第 2 条尺寸线的可见性,定义点不受影响。

③设置"符号和箭头"选项卡

用于设置箭头、半径折弯标注等,常规设置如图 5-17 所示。

图 5-17　设置"符号和箭头"选项卡

● 箭头

"箭头"设置区:设置尺寸线和引线箭头的类型及箭头大小。

a.机械制图国标规定,尺寸线截止符采用"实心闭合"。

b.箭头大小:国标中规定为 2～4 单位,在这里选用 3。

● 圆心标记

"圆心标记"设置区:设置圆心标记的有无、大小和类型。其中,圆心标记类型若选择"标记",则在圆心位置以短十字线标注圆心,该十字线的长度由"大小"编辑框设定。若选择"直线",则圆心标注线将延伸到圆外,"大小"编辑框用于设置中间小十字标记和标注线延伸到圆外的尺寸。

在图样中显示标注圆心标记的操作如下:

在"标注"工具栏上单击"圆心标记"按钮,然后在图样中单击圆或圆弧,即可将圆心标记放在圆或圆弧的圆心上。如图 5-18 所示,要标小圆的圆心标记,应修改圆心标记的类型和大小,打开"修改标注样式"对话框,然后在"符号和箭头"选项卡的"圆心标记"设置区中设置圆心类型为"标记","大小"编辑框为 3。对于大圆,设圆心类型为"直线","大小"编辑框为 3,则标记结果如图 5-18 所示。

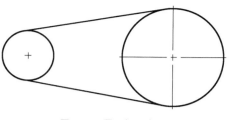

图 5-18　圆心标记表达

● 半径折弯标注

当圆弧半径较大、超出图幅时,不便于直接标出圆心,因此将尺寸线折弯,这里折弯角度设为"15"。

④设置"文字"选项卡

用于设置文字外观、位置、对齐等项目,设置参数如图 5-19 所示。

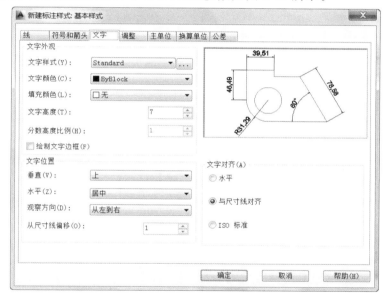

图 5-19　设置"文字"选项卡

● "文字外观"设置区

a. 文字样式:取事先设置的"符号"样式。

b. 文字颜色:ByLayer。

c. 文字高度:视图幅规格按国标要求设置,这里选取"7"。

● "文字位置"设置区

按国标设置,"垂直"选"上"、"水平"选"居中"、"观察方向"选"从左到右","从尺寸线偏移"选"1",它是文字偏移尺寸线的距离。

● "文字对齐"设置区

a. 水平:这个单选项用于标注角度和半径。

b. 与尺寸线对齐:这个单选项为线性类尺寸标注的常用选项。

⑤设置"调整"选项卡

调整选项、文字位置、标注特征比例和优化四个设置区,采用默认项即符合国标要求,如图5-20所示。

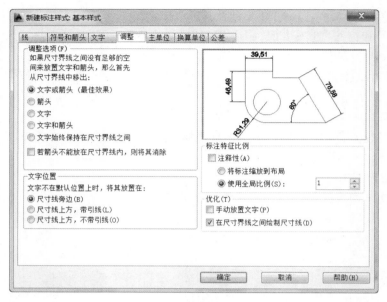

图 5-20　设置"调整"选项卡

⑥设置"主单位"选项卡

用于设置单位格式、精度、测量单位比例等值,如图5-21所示。

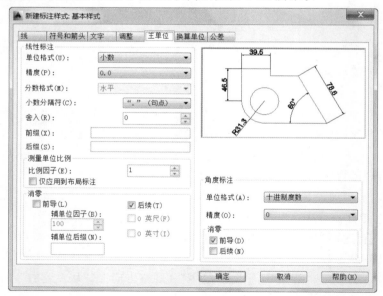

图 5-21　设置"主单位"选项卡

● "线性标注"设置区

a. 单位格式:选取"小数"。

b. 精度:依据图形精度需要设置为小数点后位数,这里设为"0.0"。

c. 小数分隔符:选"."(句点)。

其他选项取系统默认值。

(2)尺寸标注

①线性标注

在标注图样中使用"捕捉"功能,指定两条尺寸界线原点。

采用下述方法中的一种启用"线性标注"命令:

标注工具栏:⊢⊣
下拉菜单:[标注][线性]
命令窗口:DIMLINEAR ↙

● 标注尺寸 10、200、8 和 14

启动"线性标注"命令后,AutoCAD 提示:

命令:_dimlinear

指定第一个尺寸界线原点或 <选择对象>:**捕捉交点或端点**

　　　　　　　　　　　　　　　　　　　//指定第一条尺寸界线原点

指定第二条尺寸界线原点:**捕捉交点或端点**　　//指定第二条尺寸界线原点

指定尺寸线位置或[多行文字(M)/文字(T)/角度(A)/水平(H)/垂直(V)/旋转(R)]:

在合适位置单击一点　　　　　　　　　　　　//指定尺寸线位置

②对齐标注

● 标注尺寸 44

采用下述方法中的一种启用"对齐标注"命令:

标注工具栏:⟍
下拉菜单:[标注][对齐]
命令窗口:DIMALIGNED ↙

AutoCAD 提示:

指定第一个尺寸界线原点或 <选择对象>:**捕捉交点**　　//指定第一条尺寸界线原点

指定第二条尺寸界线原点:**捕捉交点**　　　　　　//指定第二条尺寸界线原点

指定尺寸线位置或[多行文字(M)/文字(T)/角度(A)]:**单击一点**　　//指定尺寸线位置

③圆和圆弧标注

在 AutoCAD 中,使用半径或直径标注,可以标注圆和圆弧的半径或直径,使用圆心标注可以标注圆和圆弧的圆心。

标注圆和圆弧的半径或直径时,AutoCAD 在标注文字前自动添加符号 R(半径)或 ϕ(直径),步骤如下:

标注工具栏:◌ 或 ◌
下拉菜单:[标注][半径]或[标注][直径]
命令窗口:DIMRADIUS ↙ 或 DIMDIAMETER ↙

AutoCAD 提示:

命令:_dimradius(或_dimdiameter)

选择圆弧或圆:**单击要标注的圆或圆弧**　　　　　//选择标注对象

指定尺寸线位置或[多行文字(M)/文字(T)/角度(A)]:**单击某处**　　//选择尺寸线位置

按上述操作,完成 $R25.4$、$R50$、$R30$、$R20$、$\phi20$ 尺寸标注。

④标注表面粗糙度

绘制表面粗糙度符号,具体尺寸见附录 1。采用"单行文字"命令填写表面粗糙度值。零件图绘制完成。

5.2　绘制机械图样实例 2——定位销轴零件图

任务:绘制如图 5-22 所示的定位销轴零件图。

目的:通过此实例,熟悉文字标注、尺寸标注、块等部分知识,掌握机械图样的绘制方法。

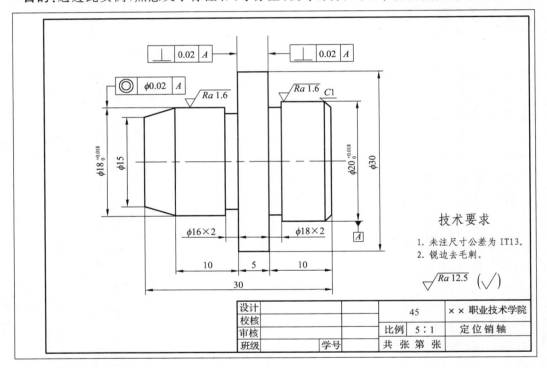

图 5-22　定位销轴零件图

绘图步骤分解

打开前面绘制的"扳手"零件图文件,删除该文件中的扳手图形和尺寸标注,将当前文件另存为"定位销轴"文件。文件中保留了扳手零件图中的图层、边框、标题栏及尺寸标注设置等内容,可根据当前零件图的内容进行修改与完善。

微 课

绘制定位销轴
零件图

1. 修改标题栏中的文字

双击要修改的文字,将零件名称和比例改为"定位销轴"和"5∶1"。

2. 绘制图形

轴的零件图具有一条对称轴,且整个图形沿轴线方向排列,大部分线条与轴线平行或垂直。我们可先画出轴的上半部分,然后用"镜像"命令复制出轴的下半部分。

用"偏移""修剪"等命令绘图。根据各段轴径和长度,平移轴线和左端面垂线,然后修剪多余线条绘制各轴段。也可以用"矩形"命令,通过计算绘出各个矩形。

用"倒角"命令绘制轴端倒角。

因图采用 5：1 比例,故按 1：1 绘图后用"缩放"命令将图形放大 5 倍,调整至合适位置,如图 5-23 所示。

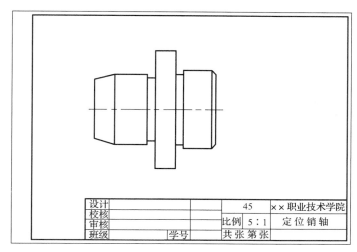

设计			45	××职业技术学院
校核				
审核			比例 5：1	定位销轴
班级		学号	共 张 第 张	

图 5-23　绘制图形

3.标注尺寸和几何公差

(1)设置与修改标注样式

①修改"基本样式"

打开"标注样式管理器"对话框,对上例中设置的"基本样式"进行修改,主要对"主单位"选项卡的内容重新设置。

● 将图 5-21"主单位"选项卡中线性标注的精度设为"0"。

● 将比例因子设为"0.2",系统的测量值与此值的积显示为标注结果数值。此图采用 5：1 的比例进行绘制,为了标注出实际尺寸,这里的比例因子应取 0.2。

②设置"非圆样式"

进行线性标注时,若系统测量尺寸数据前需要标注符号"ϕ",则可采用此样式进行标注,如该零件图中的尺寸 $\phi15$ 和 $\phi30$。

● 打开"标注样式管理器"对话框,选择"基本样式",然后单击"新建"按钮,在打开的"创建新标注样式"对话框中命名新样式名称为"非圆样式"。

● 单击"继续"按钮,打开"新建标注样式"对话框,将"主单位"选项卡中的前缀设为"％％C"。

③设置"公差样式"

零件图中"$\phi18^{+0.018}_{0}$"和"$\phi20^{+0.018}_{0}$"有公差要求,可设置"公差样式"进行标注。

● 按上面方法,以"非圆样式"为基础样式,新建"公差样式"。

● 在"新建标注样式"对话框中选择"公差"选项卡,参数设置如图 5-24 所示。

注意: 系统默认"上偏差"为正值,"下偏差"为负值。

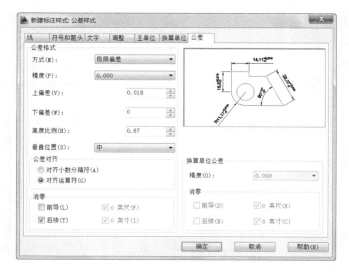

图 5-24 "公差"选项卡参数设置

（2）尺寸标注

①线性标注

将标注样式中的"基本样式"置为当前，输入"线性标注"命令。

● 标注尺寸 ϕ16×2

命令：_dimlinear

指定第一个尺寸界线原点或 ＜选择对象＞：捕捉交点

//指定第一条尺寸界线原点

指定第二条尺寸界线原点：捕捉交点 //指定第二条尺寸界线原点

指定尺寸线位置或［多行文字(M)/文字(T)/角度(A)/水平(H)/垂直(V)/旋转(R)]：**M**↙

//出现如图 5-25 所示的多行文字格式编辑器，在反白的"2"字样前输入"％％c16

×"，其中"％％c"会自动变为"ϕ"，单击"确定"按钮，然后放置尺寸线位置

指定尺寸线位置或［多行文字(M)/文字(T)/角度(A)/水平(H)/垂直(V)/旋转(R)]：单

击一点 //指定尺寸线位置

Φ16×2

图 5-25 多行文字格式编辑器

尺寸数字位置如果不合适，可使用"编辑标注文字"命令移动标注文字。

可以采用下述两种方法中的一种输入"编辑标注文字"命令：

标注工具栏：

命令窗口：DIMTEDIT↙

AutoCAD 提示：

命令：_dimtedit

选择标注：　　　　　　　　　　　　　　　　　//选择要修改位置的标注文字

为标注文字指定新位置或［左对齐（L）/右对齐（R）/居中（C）/默认（H）/角度（A）］：

拾取一点　　　　　　　　　　　　　　//用鼠标拖动在合适的位置单击

● 标注尺寸 $\phi18\times2$

标注方法与 $\phi16\times2$ 相同，此处选择"文字（T）"选项输入文字。

输入"线性标注"命令，AutoCAD 提示：

命令：_dimlinear

指定第一个尺寸界线原点或 <选择对象>：**捕捉交点** //指定第一条尺寸界线原点

指定第二条尺寸界线原点：**捕捉交点**　　　　　//指定第二条尺寸界线原点

指定尺寸线位置或［多行文字（M）/文字（T）/角度（A）/水平（H）/垂直（V）/旋转（R）］：**T** ↙

输入标注文字 <2>：**%%c18×2** ↙

指定尺寸线位置或［多行文字（M）/文字（T）/角度（A）/水平（H）/垂直（V）/旋转（R）］：**单击一点**　　　　　　　　　　　　　　//指定尺寸线位置

● 标注尺寸 $\phi15$ 和 $\phi30$

将"非圆样式"置为当前，标注尺寸 $\phi15$ 和 $\phi30$。

● 标注尺寸 10（左侧）

将"基本样式"置为当前。输入"线性标注"命令，AutoCAD 提示：

命令：_dimlinear

指定第一个尺寸界线原点或 <选择对象>：**捕捉交点或端点**

　　　　　　　　　　　　　　　　//指定第一条尺寸界线原点

指定第二条尺寸界线原点：**捕捉交点或端点**　　//指定第二条尺寸界线原点

指定尺寸线位置或［多行文字（M）/文字（T）/角度（A）/水平（H）/垂直（V）/旋转（R）］：

单击一点　　　　　　　　　　　　　　//指定尺寸线位置

②连续标注

连续标注用于多段尺寸串联，尺寸线在一条直线上放置的标注。要创建连续标注，必须先选择一个线性或角度标注作为基准标注。每个连续标注都从前一个标注的第二条尺寸界线处开始。

输入"连续标注"命令，可采用下述方法中的任意一种：

标注工具栏：岾
下拉菜单：［标注］［连续］
命令窗口：DIMCONTINUE ↙

● 标注尺寸 5 和 10（右侧）

命令：_dimcontinue

指定第二条尺寸界线原点或［放弃（U）/选择（S）］<选择>：**捕捉交点**

　　　　　　　　　　　　　　　　//标注尺寸 5

标注文字＝5

指定第二条尺寸界线原点或［放弃（U）/选择（S）］<选择>：**捕捉交点**

　　　　　　　　　　　　　　　　//标注尺寸 10

标注文字＝10

指定第二条尺寸界线原点或[放弃(U)/选择(S)]＜选择＞:↙

选择连续标注:↙　　　　　　　　　　　　　　//结束命令

注意:此处标注的尺寸 5 和 10 与上步刚标注的尺寸 10 连续,若标注的尺寸不与最新标注的线性尺寸连续,则执行"选择(S)"选项,选择想要与之连续的尺寸。

③基线标注

使用基线标注可以创建一系列由相同的标注原点测量出来的标注。要创建基线标注,必须先创建(或选择)一个线性或角度标注作为基准标注。AutoCAD 将从基准标注的第一条尺寸界线处测量基线标注。

输入"基线标注"命令,可采用下述方法中的任意一种:

> 标注工具栏:🖵
>
> 下拉菜单:[标注][基线]
>
> 命令窗口:DIMBASELINE ↙

标注尺寸 30

命令:_dimbaseline

指定第二条尺寸界线原点或[放弃(U)/选择(S)]＜选择＞:↙

选择基准标注:**拾取尺寸界线**　　　　　　//拾取右侧尺寸 10 的右侧尺寸界

线为原点 1

指定第二条尺寸界线原点或[放弃(U)/选择(S)]＜选择＞:**捕捉交点**

//选择尺寸 30 左侧点为尺寸界线

原点 2

标注文字 = 30

指定第二条尺寸界线原点或[放弃(U)/选择(S)]＜选择＞:↙

选择基准标注:↙

结束标注,结果如图 5-26 所示。

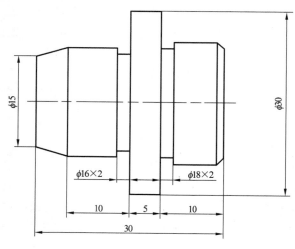

图 5-26　基线标注

④尺寸公差标注

将"公差样式"置为当前,利用"线性标注"命令标注尺寸 $\phi 18^{+0.018}_{0}$ 和 $\phi 20^{+0.018}_{0}$。

⑤几何公差标注

> 标注工具栏：⊕1
>
> 下拉菜单：[标注][公差]

执行上述命令后,系统弹出"形位公差"对话框,单击"符号"框,打开"特征符号"对话框,在"特征符号"对话框中选择几何公差符号⊥,在"公差 1"文本框中输入几何公差值 0.02,在"基准 1"文本框中输入字母 A,如图 5-27 所示。

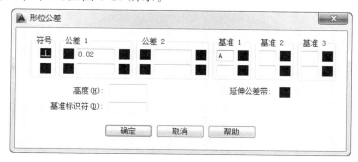

图 5-27　"形位公差"对话框 1

当公差值前面有 φ 时,应该将"形位公差"对话框中"公差"选项中公差值前面的"黑色框"选上。如标注同轴度公差时,可进行如图 5-28 所示设置。

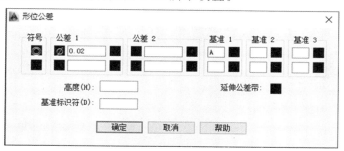

图 5-28　"形位公差"对话框 2

几何公差标注结果如图 5-29 所示,图中倒角 C1 的标注可用直线命令和文字命令完成。

注意:几何公差标注中的指引线可用前面学过的知识绘制,也可借用尺寸标注中的箭头,方法是将其中一个尺寸分解,将其中的箭头进行复制、粘贴即可。

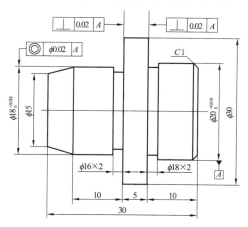

图 5-29　几何公差标注

4.标注表面粗糙度

为了使表面粗糙度符号能在其他图中使用,可将其建成块,这样当需要时直接插入即可。建块及插入块的方法如下:

(1)新建一个文件,绘制表面粗糙度符号,如图 5-30 所示,具体尺寸见附录1。

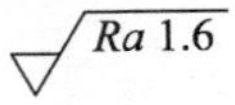

$$\sqrt{Ra\,1.6}$$

图 5-30　表面粗糙度的符号

(2)块的创建

具体操作过程如下:

```
绘图工具栏: ⊏ᒋ
下拉菜单:[绘图][块][创建]
命令窗口:BLOCK 或 BMAKE 或 B↙
```

用上述方法中的任一种方法输入"创建块"命令后,弹出如图 5-31 所示的"块定义"对话框。

图 5-31　"块定义"对话框

①在"名称"文本框中输入块的名称,本例中可输入"表面粗糙度"。

说明:单击下拉箭头,打开下拉列表,该下拉列表中显示了当前图形的所有图块。

②单击"拾取点"按钮,"块定义"对话框消失,选取表面粗糙度符号下面尖点后,"块定义"对话框再次出现。

说明:理论上,用户可以任意选取一点作为插入点,但实际的操作中,建议用户选取实体的特征点作为插入点,如中心点、右下角等。

③单击"选择对象"按钮,"块定义"对话框再次消失,选取整个表面粗糙度符号,结束选择后,"块定义"对话框再次出现。此时,对话框如图 5-32 所示。

说明:在"对象"设置区中有如下几个选项:保留、转换为块和删除。它们的含义如下:

保留:保留显示所选取的要定义块的实体图形。

转换为块:选取的实体转化为块。

删除:删除所选取的实体图形。

④块单位的设置:单击下拉箭头,将出现下拉列表,用户可从中选取所插入块的单位。

⑤说明:用户可以在"说明"下面的文本框中详细描述所定义图块的资料。

图 5-32 "块定义"对话框的设置

单击"确定"按钮,完成块的创建。

(3)块的输出

用上述方法创建的块只能在创建它的图形中应用,而有时用户需要调用别的图形中所定义的块。AutoCAD 提供一个 WBLOCK 命令来解决这个问题。把定义的块作为一个独立图形文件写入磁盘中,可供其他图形使用。输出块文件的方法如下:

在命令行中输入 WBLOCK 或 W 后,弹出如图 5-33 所示的"写块"对话框。

①在"源"设置区中选择"块"单选按钮,单击右边的下拉箭头,在下拉列表中选择刚创建的名为"表面粗糙度"的块。

②在"目标"设置区中设置输出的"文件名和路径"以及"插入单位"。本例中的设置如图5-33所示。

图 5-33 "写块"对话框

单击"确定"按钮,完成写块操作。

提示、注意、技巧

> 　　用户在执行 WBLOCK 命令时,不一定先定义一个块,只要直接将所选的图形实体作为一个图块保存在磁盘上即可。

(4)块的插入

打开先绘制好的图形,插入表面粗糙度符号,用户可以通过如下方法中任意一种来启动"插入"对话框。

> 绘图工具栏: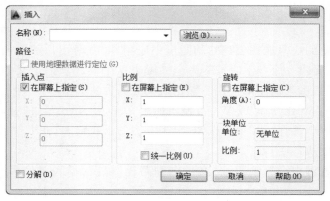
> 下拉菜单:[插入][块]
> 命令窗口:INSERT↙

输入"插入块"命令后,弹出"插入"对话框,如图 5-34 所示。

图 5-34　"插入"对话框

①单击"浏览"按钮,选择要插入的"表面粗糙度"的块文件。

②确定图块的插入点:选中"在屏幕上指定"选项,然后在图形上指定。

③确定块的缩放比例:可直接在 X、Y、Z 文本框中输入沿这三个方向缩放的比例因子,也可选中"在屏幕上指定"选项,可根据图形的大小,在屏幕上指定。

说明:"统一比例"选项使块沿 X、Y、Z 方向的缩放比例都相同。

④指定插入块时的旋转角度:可在"角度"文本框中直接输入旋转角度值,或通过"在屏幕上指定"选项在屏幕上指定。本例输入角度为 0。

说明:若选择"分解"选项,则 AutoCAD 在插入块的同时分解块对象。

用上述方法创建的块文件,在插入时块的内容是不变的,若图中各加工表面的表面粗糙度不同,则需要创建带属性的块来实现。

属性类似于商品的标签,包含了图块所不能表达的其他各种文字信息,如材料、型号和制造者等,存储在属性中的信息一般称为属性值。当用 BLOCK 命令创建块时,将已定义的属性与图形一起生成块,这样块中就包含属性了。

属性是块中的文本对象,它是块的一个组成部分。属性从属于块,当利用"删除"命令删除块时,属性也被删除了。

属性有助于用户快速产生关于设计项目的信息报表,或者作为一些符号块的可变文字对象。属性也常用来预定义文本位置、内容或提供文本缺省值等，例如把标题栏中的一些文字项目定制成属性对象，就能方便地填写或修改。

下面通过表面粗糙度符号的创建，来说明带属性的块的创建方法及应用。

（1）定义块的属性

①新建一个文件，绘制表面粗糙度符号，如图 5-35 所示。具体尺寸见附录 1。

②启动"定义属性"命令，方法如下：

图 5-35　表面粗糙度符号

```
下拉菜单：[绘图] [块] [定义属性]
命令窗口：ATTDEF↙
```

执行"定义属性"命令后，系统弹出"属性定义"对话框，在"标记"文本框中输入 A，它主要用来标记属性，也可用来显示属性所在的位置。在"提示"文本框中输入"表面粗糙度的值"，它是插入块时命令行显示的输入属性的提示。在"默认"文本框中输入 1.6，这是属性值的默认值，一般把最常出现的数值作为默认值。设置好的"属性定义"对话框如图 5-36 所示。

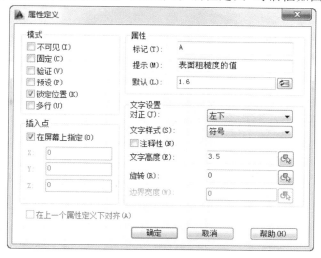

图 5-36　设置好的"属性定义"对话框

提示、注意、技巧

属性标志可以由字母、数字、字符等组成，但是字符之间不能有空格，且必须输入属性标志。

③根据实际情况确定"文字设置"设置区的内容。

④单击"确定"按钮，对话框消失，选取表面粗糙度符号 Ra 右边一点来指定属性值所在的位置，表面粗糙度符号变为如图 5-37 所示的图形。

图 5-37　属性标记

说明："属性定义"对话框的"模式"设置区中各项的含义如下：

● 不可见：控制属性值在图形中的可见性。如果想使图中包含属性信息，但不想使其在图形中显示出来，就选中这个选项。

- 固定：选中该选项，属性值将为常量。
- 验证：设置是否对属性值进行校验。若选择此选项，则插入块并输入属性值后，AutoCAD 将再次给出提示，让用户校验输入值是否正确。
- 预设：该选项用于设定是否将实际属性值设置成默认值。若选中此选项，则插入块时，AutoCAD 将不再提示用户输入新属性值，实际属性值等于"默认"文本框中的默认值。
- 锁定位置：锁定块参照中属性的位置。解锁后，属性可以相对于使用夹点编辑的块的其他部分移动，并且可以调整多行文字属性的大小。
- 多行：指定属性值可以包含多行文字。选定此选项后，可以指定属性的边界宽度。

(2)建立带属性的块

执行"创建块"命令，打开"块定义"对话框，"块定义"对话框的设置如图 5-38 所示。块的"基点"设在三角形的底端顶点处，"对象"选择为整个图形和属性。单击"确定"按钮，打开"编辑属性"对话框，如图 5-39 所示，可以进一步对块的属性值进行修改。单击"确定"按钮，一个有属性的块就生成了。

图 5-38　"块定义"对话框的设置

图 5-39　"编辑属性"对话框

(3)块的输出

在命令行中输入 WBLOCK(W)命令，打开"写块"对话框，在"目标"设置区内设置"文件名和路径"及"插入单位"，将刚建好的带属性的块输出，以便在其他图形中使用。

（4）插入带属性的块

①打开需要插入表面粗糙度符号的图形文件。

②执行"插入块"命令,弹出"插入"对话框,选择定义好的带属性的块进行插入。

采用以上方法标注图 5-1 中的表面粗糙度,表面粗糙度"其余"符号(√)可采用文字输入中的括号及对表面粗糙度符号分解后进行编辑来完成。结果如图 5-40 所示。

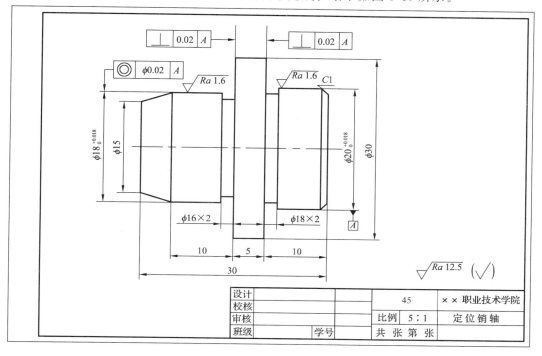

图 5-40　表面粗糙度标注

提示、注意、技巧

　　零件图中的标题栏也可创建成带属性的块,以便应用于其他图中,详见 6.2 中的内容。

　　插入图块时,图块的插入位置可以利用"捕捉"或"对象捕捉追踪"功能进行确定。

　　当插入的符号倾斜时,在"插入"对话框的"旋转"设置区中可选择"在屏幕上指定"选项,这样可根据具体情况在图形中指定。

补充知识

（1）有关块属性编辑的补充知识

①编辑属性定义

创建属性后,在属性定义与块相关联之前(即只定义了属性但没定义块时),用户可对其进行编辑,方法如下：

> 下拉菜单：[修改][对象][文字][编辑]
>
> 命令窗口：DDEDIT ↙

　　执行上述任一操作后，AutoCAD 提示"选择注释对象："，选取属性定义标记，系统弹出"编辑属性定义"对话框，如图 5-41 所示。在此对话框中用户可修改属性定义的标记、提示及默认值。

图 5-41　"编辑属性定义"对话框

　　此外，启动"特性"选项板，可修改属性定义的更多项目，方法如下：

> 标准工具栏：▣
>
> 下拉菜单：[工具][选项板][特性]
>
> 命令窗口：DDMODIFY ↙

　　如图 5-42 所示，该选项板的"文字"选项区列出了属性定义的标记、提示、值等项目，用户可在此进行修改。

　　②编辑块的属性

　　与插入到块中的其他对象不同，属性可以独立于块而单独进行编辑。用户可以集中地编辑一组属性。方法有如下几种：

　　● 输入 DDATTE 命令

　　用户可以通过在命令窗口输入"DDATTE"命令来调用，选择块以后，系统弹出如图 5-43 所示的"编辑属性"对话框。

图 5-42　"特性"选项板

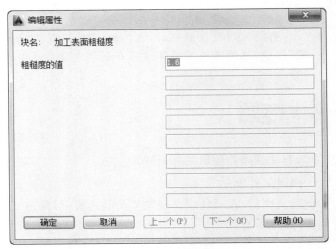

图 5-43　"编辑属性"对话框

● 编辑属性值及属性的其他特性

> 修改 II 工具栏：✍
>
> 下拉菜单：[修改][对象][属性][单个]

执行上述任一操作后，AutoCAD 提示"选择块："，用户选择要编辑的图块后，AutoCAD 打开"增强属性编辑器"对话框，如图 5-44 所示。在此对话框中用户可对块属性进行编辑。

图 5-44　"增强属性编辑器"对话框

● 块属性管理器

用户通过"块属性管理器"对话框，可以有效地管理当前图形中所有块的属性，并能进行编辑。可用以下方法中的任意一种来启动：

> 修改 II 工具栏：🗐
>
> 下拉菜单：[修改][对象][属性][块属性管理器]
>
> 命令窗口：BATTMAN ↙

系统弹出"块属性管理器"对话框，如图 5-45 所示。该对话框常用选项有如下功能：

图 5-45　"块属性管理器"对话框

选择块：通过此按钮选择要操作的块。单击该按钮，系统切换到绘图窗口，并提示"选择块："，用户选择块后，系统又返回到"块属性管理器"对话框。

"块"下拉列表框：用户也可展开此下拉列表选择要操作的块。该下拉列表显示当前图形中所有具有属性的图块名称。

同步：用户修改某一属性定义后，单击此按钮，更新所有块对象中的属性定义。

上移：在属性列表中选中一属性行，单击此按钮，则该属性行向上移动一行。

下移：在属性列表中选中一属性行，单击此按钮，则该属性行向下移动一行。

删除：删除属性列表中选中的属性定义。

编辑：单击此按钮，打开"编辑属性"对话框，该对话框有"属性"、"文字选项"和"特性"三个选项卡。这些选项卡的功能与"增强属性编辑器"对话框中同名选项卡功能类似，这里不再讲述。

设置：单击此按钮，弹出"设置"对话框。在该对话框中，用户可以设置在"块属性管理器"对话框的属性列表中显示的那些内容。

(2)有关插入文件的补充知识

在绘制图形过程中，如果正在绘制的图形是前面已经绘制过的，可以通过"插入块"命令来插入已有的文件。

操作过程如下：

①执行"插入块"命令，打开"插入"对话框，如图 5-34 所示。

②单击"浏览"按钮，打开"选择图形文件"对话框。

③选择所需的图形文件，单击"打开"按钮，回到"插入"对话框。以下操作与插入块相同。

提示、注意、技巧

(1)插入图形文件之前，应对插入的图形设置插入点，可利用下拉菜单[绘图][块][基点]来完成。

(2)如果要对插入的图形进行修改，必须将它分解为各个组成部件，然后分别编辑它们。分解图块的步骤如下：

①单击"修改"工具栏上的"分解"按钮。

②选择要分解的图块。

③回车即可。

5. 书写技术要求

图样的技术要求可使用单行文字输入，也可使用多行文字输入。使用多行文字可以创建较为复杂的文字说明。在 AutoCAD 中，多行文字的编辑是通过多行文字格式编辑器来完成的。多行文字格式编辑器相当于 Windows 的写字板，包括一个"文字格式"对话框和一个文字输入编辑框，可以方便地对文字进行录入和编辑。

(1)输入多行文字

绘图工具栏：**A**
下拉菜单：[绘图][文字][多行文字]
命令窗口：MTEXT(MT)↙

执行上述任一操作输入"多行文字"命令后，AutoCAD 提示：

命令：_mtext
当前文字样式："符号"   文字高度：7   注释性：否
指定第一角点：**单击一点**   //在绘图区域中要注写文字处指定第一角点
指定对角点或[高度(H)/对正(J)/行距(L)/旋转(R)/样式(S)/宽度(W)/栏(C)]：
执行默认选项指定"对角点"后，AutoCAD 将以指定的两个点作为对角点所形成的矩形

区域作为文字行的宽度并打开"文字格式"对话框及文字输入编辑框,如图 5-46 所示。其具体操作步骤如下:

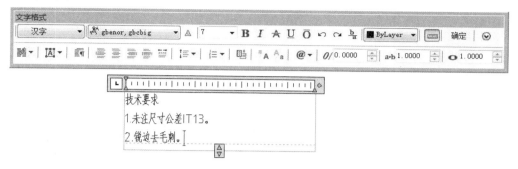

图 5-46　"文字格式"对话框及文字输入编辑框

　　①在"文字格式"对话框中,可选择"样式"、"字体"、"文字高度"等,同时还可以对输入的文字进行加粗、倾斜、加下划线、加上划线、文字颜色等设置。对段落设置不同的对齐方式,并可用字母、数字、项目符号标记给文字添加编号等。对输入的字符进行字符间距设置和字符缩放操作。

　　②在文字输入编辑框中使用 Windows 文字输入法输入文字内容。

　　③输入特殊文字和字符

　　在文字输入编辑框中单击鼠标右键,在弹出的右键快捷菜单中选择"符号"选项,展开符号列表;或直接单击"文字格式"对话框最右端的"选项"按钮,选择"符号"选项,同样可展开符号列表。如果列表中给出的符号不能满足要求,可单击"其他"选项,利用"字符映射表"对话框进行操作。

(2)编辑多行文字

　　编辑多行文字的方法比较简单,可双击在图样中已输入的多行文字,或者选中在图样中已输入的多行文字,单击鼠标右键,从弹出的快捷菜单中选择"编辑多行文字",打开多行文字格式编辑器,然后编辑文字。

　　值得注意的是:如果修改文字样式的垂直和宽度比例与倾斜角度设置,这些修改将影响图形中已有的用同一种文字样式注写的多行文字,这与单行文字是不同的。因此,对用同一种文字样式注写的多行文字中的某些文字的修改,可以重建一个新的文字样式来实现。

提示、注意、技巧

(1)创建堆叠文字

　　文字堆叠的形式有三种,第一种是水平堆叠,有分数线形式,如"$\frac{2}{3}$";第二种是水平堆叠,中间无分数线的形式,如"$\frac{制图}{审核}$:张洪";第三种是斜分数的形式,如"3/4"。

　　● 按堆叠形式输入内容后回车,弹出如图5-47所示的对话框,单击"确定"按钮,可写成堆叠文字。

● 利用"堆叠"按钮 ᴴ 创建堆叠文字（一种垂直对齐的文字或分数）。其操作过程及效果如图 5-48 所示。

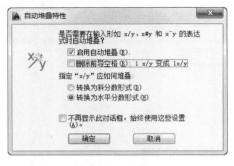

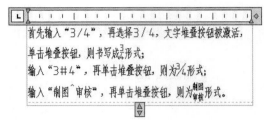

图 5-47　"自动堆叠特性"对话框　　　　　图 5-48　文字的堆叠

（2）输出特殊符号

同单行文字一样，在文字输入编辑框中，输入"％％d""％％p""％％c"，可以在图样中输出特殊符号"°""±""φ"。

（3）字符映射的使用

在对多行文字进行格式编辑时，如果选择"其他"选项，将打开"字符映射表"对话框，利用该对话框可以插入更多的字符，如图 5-49 所示。例如要插入符号"®"，在打开的"字符映射表"对话框中选中"®"，单击"选择"和"复制"按钮，关闭该对话框。返回文字输入编辑框插入符号处单击鼠标右键，在弹出的快捷菜单中选择"粘贴"选项即可。

图 5-49　"字符映射表"对话框

（4）文字查找与替换

在"查找和替换"对话框中，可以进行多行文字的查找与替换，如图 5-50 所示。

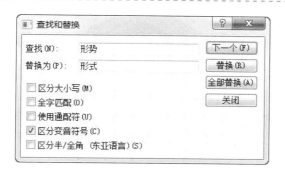

图 5-50 "查找和替换"对话框

其操作步骤是:在文字输入编辑框中单击鼠标右键,在弹出的快捷菜单中选择"查找和替换"选项,系统弹出"查找和替换"对话框,在"查找"文本框中输入要查找的文字,如"形势",在"替换为"文本框中输入要替换成的文字,如"形式"。若要逐个查找、替换,可用"下一个"和"替换"按钮来实现;若全部替换,则单击"全部替换"按钮。之后提示"搜索已完成",单击"确定"按钮,完成查找和替换任务。

(5)插入大段文字

当需要输入的文字很多时,我们可以用记事本书写成 TXT 文档,然后将其插入到图形文件中。方法是:在文字输入编辑框中单击鼠标右键,在弹出的快捷菜单中选择"输入文字"选项,系统弹出"选择文件"对话框,选中需要的文件后,单击"打开"按钮,就可将大段已经编辑好的文字插入到当前的图形文件中。

(6)设置背景遮罩

当输入的文字需要添加背景颜色时,我们可以在多行文字输入编辑框中单击鼠标右键,在弹出的快捷菜单中选择"背景遮罩"选项,系统弹出如图 5-51 所示的对话框,选择"使用背景遮罩"选项,"边界偏移因子"控制的是遮罩的范围,再选择适合的背景颜色,如"黄"色,单击"确定"按钮即完成背景的设置。

图 5-51 "背景遮罩"对话框

(7)对正编辑

利用"文字格式"对话框中的各种对正按钮,可以方便地设置各种对齐方式。

5.3　绘制机械图样实例 3——手柄零件图

任务：绘制如图 5-52 所示的手柄零件图。

目的：通过此实例，熟悉样板图、文字标注、尺寸标注、块等知识，掌握机械图样的绘制方法。

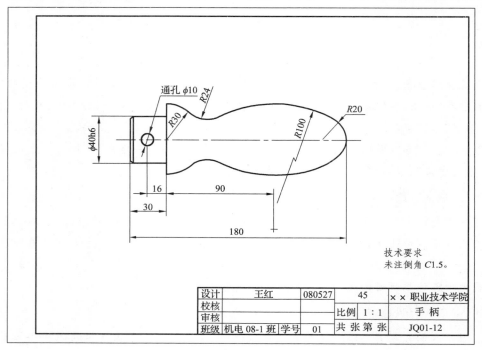

设计	王红	080527	45	×× 职业技术学院	
校核					
审核			比例	1：1	手柄
班级	机电 08-1 班	学号　01	共 张第 张		JQ01-12

图 5-52　手柄零件图

绘图步骤分解

1. 创建样板图

当使用 AutoCAD 创建一个图形文件时，通常需要先对图形进行一些基本的设置，诸如绘图单位、角度、区域等。AutoCAD 为用户提供了三种设置方式：使用样板、使用缺省设置、使用向导。

使用样板，其实是调用预先定义好的样板图。样板图是一种包含有特定图形设置的图形文件（扩展名为 dwt）。

如果使用样板图来创建新的图形，则新的图形继承了样板图中的所有设置。这样就避免了大量的重复设置工作，而且也可以保证同一项目中所有图形文件的标准统一。新的图形文件与所用的样板文件是相对独立的，因此新图形中的修改不会影响样板文件。

AutoCAD 系统为用户提供了风格多样的样板文件，在默认情况下，这些图形样板文件存储在易于访问的 Template 文件夹中。用户可在"创建新图形"对话框中使用这些样板文件，如图 5-53 所示。如果用户要使用的样板文件没有存储在 Template 文件夹中，则可单击"浏览"按钮，打开"选择样板文件"对话框来查找样板文件，如图 5-54 所示。

图 5-53　"创建新图形"对话框

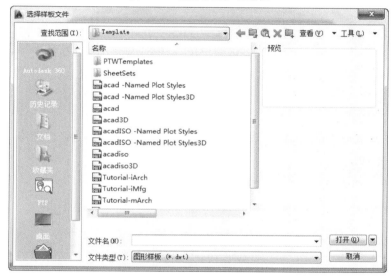

图 5-54　"选择样板文件"对话框

除了使用 AutoCAD 提供的样板,用户也可以创建自定义样板文件,任何现有图形都可作为样板。

(1)设置图幅

单击"标准"工具栏上的"新建"按钮，打开"创建新图形"对话框,单击"使用向导"按钮。

利用"快速设置"或"高级设置",设定单位为"小数"、测量精度为"0.0"、作图区域为"420×297"(A3)。执行"全局缩放"命令,使 A3 图幅全屏显示。

(2)建立图层

按需要创建如图 5-55 所示的图层,并设定颜色及线型。

提示、注意、技巧

图层的颜色可以随意设置,但线型必须按标准设定。

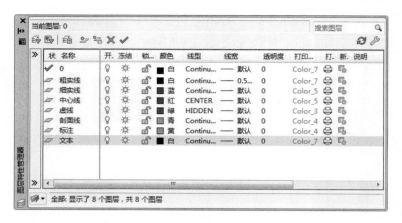

图 5-55　图层的设置

(3)设置文本样式

①汉字样式:用于输入汉字,字体选择"gbenor. shx",选择"使用大字体"复选框,大字体样式为"gbcbig. shx"。

②符号样式:用于输入非汉字符号,字体选择"gbenor. shx"。

(4)设置标注样式

标注样式主要包括基本样式、角度样式、非圆样式、抑制样式、公差样式等。

(5)建立边框线

绘制两个矩形作为 A3 图纸的图幅大小和边框线,尺寸如图 5-56 所示。

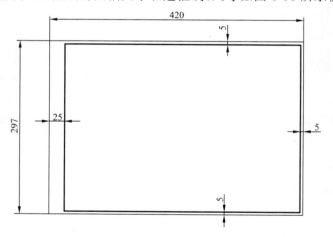

图 5-56　A3 图纸的边框线

(6)保存图形文件

选择[文件][另存为]选项,打开"图形另存为"对话框。在"文件类型"栏中选择"Auto-CAD 图形样板(∗ . dwt)",在"文件名"栏中输入样板文件的名称"A3",如图 5-57 所示。

单击"保存"按钮,打开"样板选项"对话框,如图 5-58 所示,在"说明"文本框中输入文字"A3 幅面样板图",单击"确定"按钮。

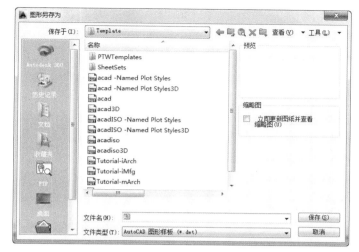

图 5-57　"图形另存为"对话框

图 5-58　"样板选项"对话框

提示、注意、技巧

　　　　用同样的方法,可以建立 A0、A1、A2、A4 样板图。也可在样板图中不画边框,
则可用于任何图纸。

2. 调用样板图,绘制标题栏

调用样板图的方法:

(1)新建图形,单击"使用样板"按钮。

(2)选择文件"A3.dwt",双击打开样板图,可在其中进行绘图。

标题栏可定义成带属性的块保存为文件(WBLOCK),可供其他文件使用。在样板图中执行"插入块"命令插入此标题栏。

3. 绘制图形

略。

4. 标注尺寸

(1)圆和圆弧的标注

采用实例 1 中所述的方法标注尺寸 $R30$、$R24$、$R20$ 和通孔 $\phi 10$。

提示、注意、技巧

　　　　在机械制图中,使用半径标注和直径标注来标注圆和圆弧时,需要注意以下几点:

　　　　①完整的圆应标注直径,如果图形中包含多个规格完全相同的圆,应标注出圆的总数。

　　　　②小于半圆的圆弧应使用半径标注。但应注意,即使图形中包含多个规格完全相同的圆弧,也不注出圆弧的数量。

　　　　③半径和直径的标注样式有多种,常用"标注文字水平放置",如图 5-59 所示。

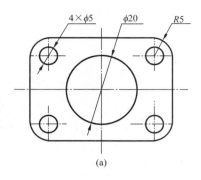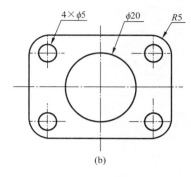

(a) 　　　　　　　　　　　　　(b)

图 5-59　半径和直径的标注形式

④在图 5-52 中的 $R20$、$\phi10$ 尺寸是将标注文字水平放置，可在"标注样式管理器"对话框中选中"基本样式"，单击"替代"按钮，如图 5-60 所示，打开"替代当前样式"对话框，在"文字"选项卡的"文字对齐"设置区中选择"水平"单选按钮，如图 5-61 所示。

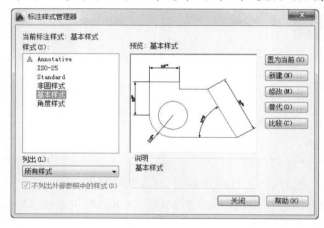

图 5-60　使用"替代"样式

图 5-61　设置"文字对齐"方式

　　⑤要将尺寸线放在圆弧外面,可使用样式替代,在"调整"选项卡的"优化"设置区中取消选择"在尺寸界线之间绘制尺寸线"复选框,如图 5-62 所示。

图 5-62　尺寸线调整

（2）折弯标注

标注工具栏：
下拉菜单：[标注][折弯]
命令窗口：DIMJOGGED↙

执行上述任一操作后,AutoCAD 提示：

选择圆弧或圆:**拾取圆弧**　　　　　　　　　//选择圆弧上一点
指定图示中心位置:**拾取一点**　　　　　　　//不要选在圆心上
标注文字 = 100
指定尺寸线位置或[多行文字(M)/文字(T)/角度(A)]:**拾取一点**
　　　　　　　　　　　　　　　　　　　　　//指定文字位置
指定折弯位置：**拾取一点**　　　　　　　　　//指定折弯位置
标注结果如图 5-52 中的尺寸 R100 所示。

5. 保存图形
单击"保存"按钮,选择合适的位置,以"5-52"为名保存。

补充知识

1. 角度标注
使用角度标注可以测量圆和圆弧的角度、两条直线间的角度或者三点间的角度。
启动"角度标注"命令的方式如下：

标注工具栏：◁

下拉菜单：[标注][角度]

命令窗口：DIMANGULAR ↙

标注图 5-63 中的角度 63°。

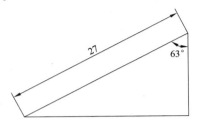

图 5-63　角度标注

启动"角度标注"命令，AutoCAD 提示：

选择圆弧、圆、直线或＜指定顶点＞：**单击直线**　　　　　　　// 选择标注对象的一

条直边

选择第二条直线：**单击直线**　　　　　　　　　　　　// 选择另一条斜边

指定标注弧线位置或[多行文字(M)/文字(T)/角度(A)/象限点(Q)]：**单击一点**

// 确定标注位置

标注文字＝63

如图 5-64 所示，使用角度标注对圆、圆弧和三点间的角度进行标注时，其操作要点是：

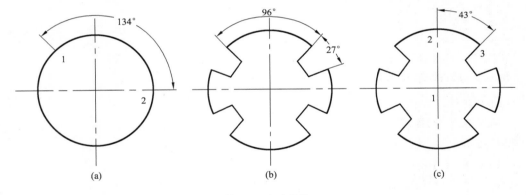

（a）　　　　　　　　　　　　（b）　　　　　　　　　　　　（c）

图 5-64　角度标注

　　（1）标注圆时，首先在圆上单击确定第一个点[如图 5-64(a)中的点 1]，然后指定圆上的第二个点[如图 5-64(a)中的点 2]，再确定放置尺寸的位置。

　　（2）标注圆弧时，可以直接选择圆弧，如图 5-64(b)所示。

　　（3）标注直线间夹角时，选择两直线的边即可。

　　（4）标注三点间的角度时，按回车键，然后指定角的顶点[如图 5-64(c)中的点 1]和另两个点[如图 5-64(c)中的点 2 和点 3]。角度标注的各种效果如图 5-64 所示。

　　（5）在机械制图中，角度尺寸的尺寸线为圆弧的同心弧，尺寸界线沿径向引出。

①在机械制图中,《机械制图 尺寸注法》(GB/T 4458.4—2003)要求角度的数字一律写成水平方向,注在尺寸线中断处,必要时可以写在尺寸线上方或外边,也可以引出,如图 5-65 所示。

②为了满足绘图要求,在使用 Auto-CAD 设置标注样式时,用户可以创建角度标注样式。在基本样式的基础上,在"文字"选项卡的"文字对齐"设置区中,选择"水平"单选按钮,其他项目按绘图要求设置,如图 5-66 所示。单击"确定"按钮,将新建的样式置为当前,这时就可以使用该角度标注样式来标注角度尺寸了。

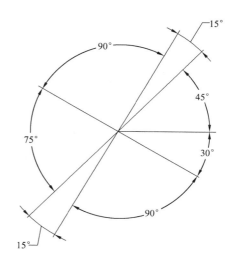

图 5-65　角度标注图

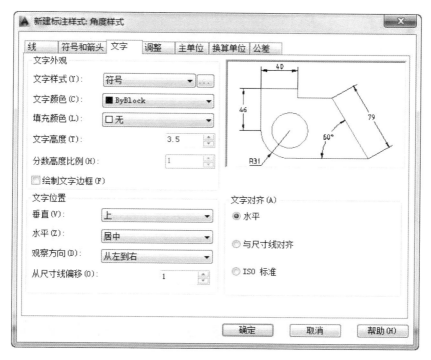

图 5-66　设置"文字"选项卡

3. 编辑尺寸标注

(1)工具栏法修改尺寸标注

使用"编辑标注"命令,可以修改原尺寸为新文字、调整文字到默认位置、旋转文字和倾斜尺寸界线。默认情况下,AutoCAD 创建与尺寸线垂直的尺寸界线。当尺寸线过于贴近图形轮廓线时,允许倾斜标注。因此可以修改尺寸界线的角度,实现倾斜标注。

①修改如图 5-67(a)所示长度为 11 的尺寸的步骤如下:

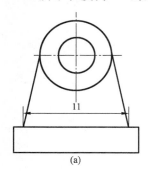
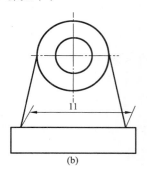

(a)   (b)

图 5-67　倾斜角度前后的 11 尺寸界线

使用下述任一种方法,启动"编辑标注"命令:

标注工具栏:
下拉菜单:[标注][倾斜]
命令窗口:DIMEDIT ↙

AutoCAD 提示:

命令:_dimedit

输入标注编辑类型〔默认(H)/新建(N)/旋转(R)/倾斜(O)〕＜默认＞:**O**↙

//选择标注编辑类型

选择对象:　　　　　　　　　　　　　//选择线性尺寸 11

选择对象:↙　　　　　　　　　　　　//结束选择

输入倾斜角度(按 Enter 键表示无):**60**↙

倾斜后的标注如图 5-67(b)所示。

提示、注意、技巧

　　　选择标注编辑类型为"新建(N)":选择该选项,可以在打开的文字输入编辑框中修改标注文字。

②编辑图 5-68 中的直径尺寸 7,其步骤如下:

启动"编辑标注"命令,AutoCAD 提示:

命令:_dimedit

输入标注编辑类型〔默认(H)/新建(N)/旋转(R)/倾斜(O)〕＜默认＞:**N**↙

//选择标注编辑类型

此时打开"文字格式"对话框及文字输入编辑框。

在文字输入编辑框中输入直径符号"%%c7"，单击"确定"按钮。

在图形中选择需要编辑的标注对象。

按 Enter 键结束对象选择，标注结果如图 5-69 所示。

图 5-68　原始标注图

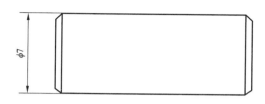

图 5-69　设置新的标注文字

(2)利用夹点调整标注位置

使用夹点可以非常方便地移动尺寸线、尺寸界线和标注文字的位置。在该编辑模式下，可以通过调整尺寸线两端或标注文字所在处的夹点来调整标注的位置，也可以通过调整尺寸界线夹点来调整标注长度。

例如，要调整如图 5-70 所示的轴段尺寸 25 的标注位置以及在此基础上再调整标注长度，可按如下步骤进行操作：

①用鼠标单击尺寸标注，这时在该标注上将显示夹点，如图 5-71 所示。

②单击一个尺寸界线所在处的夹点，该夹点将被选中。

③向下拖动光标，可以看到夹点跟随光标一起移动。

④在夹点 1 处单击鼠标左键，确定新标注位置，如图 5-72 所示。

⑤单击该尺寸界线左上端的夹点，将其选中，如图 5-72 所示。

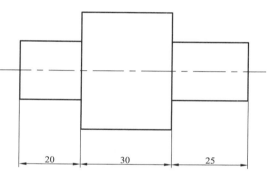

图 5-70　原始图形

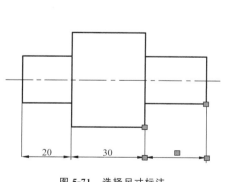

图 5-71　选择尺寸标注

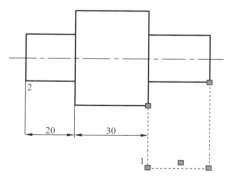

图 5-72　调整标注位置

⑥向左移动光标，并捕捉到夹点 2，单击确定捕捉到的点，如图 5-73 所示。

⑦按 Enter 键结束操作，则该轴的总长尺寸 75 被注出，如图 5-74 所示。

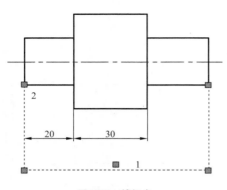

图 5-73   捕捉点

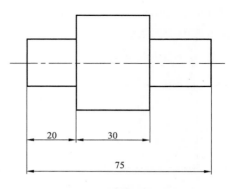

图 5-74   调整标注长度

(3)编辑尺寸标注特性

在 AutoCAD 中,通过"特性"选项板可以了解到图形中所有的特性,例如线型、颜色、文字位置以及由标注样式定义的其他特性。因此,可以使用该选项板查看和快速编辑包括标注文字在内的任何标注特性。

打开"特性"选项板的方法如下:

标准工具栏:

下拉菜单:[修改][特性];[工具][特性]

命令窗口:PROPERTIES✓

编辑尺寸标注特性的方法如下:

①在图形中选择需要编辑其特性的尺寸标注,如图 5-71 所示夹点状态。

②选择[修改][特性]菜单,打开"特性"选项板。这时在"特性"选项板中将显示该尺寸标注的所有信息,如图 5-75 所示。

③在"特性"选项板中可以根据需要修改标注特性,如颜色、线型等。

④如果要将修改的标注特性保存到新样式中,可用鼠标右键单击修改后的标注,从弹出的快捷菜单中选择[标注样式][另存为新样式]选项。

⑤在"另存为新标注样式"对话框中输入新样式名,然后单击"确定"按钮,如图 5-76 所示。

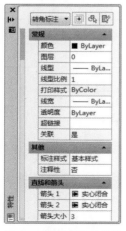

图 5-75   显示标注的特性

图 5-76   "另存为新标注样式"对话框

提示、注意、技巧

在图形中选择需要编辑其特性的尺寸标注,通过单击鼠标右键,从弹出的快捷菜单中选取"特性"选项来编辑。通过双击尺寸标注也可以达到同样的目的。

(4)标注的关联与更新

通常情况下,尺寸标注和样式是相关联的,当标注样式修改后,使用"标注更新"命令可以快速更新图形中与标注样式不一致的尺寸标注。

启动"标注更新"命令的方法如下:

标注工具栏:⊢◻

下拉菜单:[标注][标注样式];[标注][更新]

命令窗口:DIMSTYLE✓

例如,修改如图 5-68 所示的轴径 7 尺寸标注,首先以没有前缀的线性标注样式标注完成,然后使用"标注更新"命令修改成 φ7。这与前面用样式替代直接标注有异曲同工之效。具体操作可按以下步骤进行:

①在"标注"工具栏中单击"标注样式"按钮,打开"标注样式管理器"对话框。

②选取"基本样式",置为当前,单击"替代"按钮,在打开的"替代当前样式"对话框中选择"主单位"选项卡。

③在"前缀"文本框内输入"％％c",然后单击"确定"按钮。

④在"标注样式管理器"对话框中单击"关闭"按钮。

⑤在"标注"工具栏中单击"更新"按钮。

⑥在图形中单击需要修改其标注的对象。

⑦按 Enter 键,结束对象选择,即完成标注的更新。

5.4 设计中心

AutoCAD 设计中心(AutoCAD Design Center,简称 ADC)是 AutoCAD 中一个非常有用的工具。它有着类似于 Windows 资源管理器的界面,可管理图块、外部参照、光栅图像以及来自其他源文件或应用程序的内容,将位于本地计算机、局域网或因特网上的图块、图层、外部参照和用户自定义的图形内容复制并粘贴到当前绘图区中。同时,如果在绘图区打开多个文档,在多个文档之间也可以通过简单的拖放操作来实现图形的复制和粘贴。粘贴内容除了包含图形本身外,还包含图层定义、线型、字体等内容。这样,资源可得到再利用和共享,提高了图形管理和图形设计的效率。

通常使用 AutoCAD 设计中心可以完成如下工作：

(1)浏览和查看各种图形图像文件，并可显示预览图像及其说明文字。

(2)查看图形文件中命名对象的定义，将其插入、附着、复制和粘贴到当前图形中。

(3)将图形文件(.dwg)从控制板拖放到绘图区域中，即可打开图形；而将光栅文件从控制板拖放到绘图区域中，则可查看和附着光栅图像。

(4)在本地和网络驱动器上查找图形文件，并可创建指向常用图形、文件夹和 Internet 地址的快捷方式。

1.设计中心的启动和界面

AutoCAD 设计中心窗口不同于对话框，它就像和 AutoCAD 一起运行的一个执行文件管理及图形类型处理任务的特殊程序。调用 AutoCAD 设计中心的方法如下：

```
标准工具栏：▦
下拉菜单：[工具][选项板][设计中心]
命令窗口：ADCENTER↙
```

AutoCAD 显示出如图 5-77 所示的"设计中心"选项板。

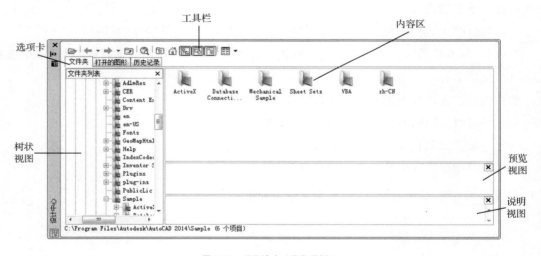

图 5-77   "设计中心"选项板 1

"设计中心"选项板由六个主要部分组成：工具栏、选项卡、内容区、树状视图、预览视图及说明视图。简单说明如下：

(1)"工具栏"中常用按钮的含义

①"树状图切换"按钮▦：可关闭或打开树状视图。

②"预览"按钮▦：可关闭或打开预览视图。

③"说明"按钮▦：可关闭或打开说明视图。

(2)各"选项卡"的含义

①"文件夹"选项卡：将以树状视图形式显示当前的文件夹。

②"打开的图形"选项卡:单击该选项卡后,可以显示 AutoCAD 设计中心当前打开的图形文件。

③"历史记录"选项卡:单击该选项卡后,可以显示最近访问过的 20 个图形文件。

(3)树状视图

显示本地和网络驱动器上打开的图形、自定义内容、历史记录和文件夹。

(4)内容区

显示树状视图中选定层次结构中项目的内容。

(5)预览视图

显示选定项目的预览图像。如果该项目没有保存预览图像,则为空。

(6)说明视图

显示选定项目的文字说明。

2. 使用设计中心查看内容

(1)树状视图

树状视图显示本地和网络驱动器上打开的图形、自定义内容、历史记录和文件夹等内容。其显示方式与 Windows 系统的资源管理器类似,为层次结构方式。双击层次结构中的某个项目可以显示其下一层次的内容。对于具有子层次的项目,则可单击该项目左侧的加号"+"或减号"一"来显示或隐藏其子层次。

(2)内容区

用户在树状视图中浏览文件、块和自定义内容时,内容区中将显示打开图形和其他源文件中的内容。例如,如果在树状视图中选择了一个图形文件,则内容区中显示表示图层、块、外部参照和其他图形内容的图标。如果在树状视图中选择图形的图层图标,则内容区中将显示图形中各个图层的图标。用户也可以在 Windows 资源管理器中直接将需要查看的内容拖放到内容区上来显示其内容。

用户可在内容区上单击鼠标右键,弹出快捷菜单,选择"刷新"选项可对树状视图和内容区中显示的内容进行刷新,以反映其最新的变化。

(3)预览视图和说明视图

预览视图和说明视图将分别显示其预览图像和说明文字。

用户可通过树状视图、内容区、预览视图以及说明视图之间的分隔栏来调整其相对大小。

3. 使用设计中心进行查找

(1)查找

利用 AutoCAD 设计中心的查找功能,可以根据指定条件和范围来搜索图形和其他内容(如块和图层的定义等)。

单击工具栏中的 🔍 按钮,或在控制板上单击鼠标右键,弹出快捷菜单,选择"搜索"选项,可弹出"搜索"对话框,如图 5-78 所示。

图 5-78 "搜索"对话框

①在该对话框中的"搜索"下拉列表中给出了该对话框可查找的对象类型。

②在"于"下拉列表中显示了当前的搜索路径。

③完成对搜索条件的设置后,用户可单击"立即搜索"按钮进行搜索,并可在搜索过程中随时单击"停止"按钮来中断搜索操作。如果用户单击"新搜索"按钮,则将清除搜索条件来重新设置。

④如果查找到符合条件的项目,则将显示在对话框下部的搜索结果列表中。用户可通过如下方式将其加载到内容区中:

● 直接双击指定的项目。

● 将指定的项目拖到内容区中。

● 在指定的项目上单击鼠标右键,弹出快捷菜单,选择"加载到内容区中"选项。

（2）使用收藏夹

AutoCAD 系统在安装时,自动在 Windows 系统收藏夹中创建一个名为"Autodesk"的子文件夹,并将该文件夹作为 AutoCAD 系统收藏夹。在 AutoCAD 设计中心中可将常用内容的快捷方式保存到该收藏夹中,以便在下次调用时进行快速查找。

如果选定了图形、文件或其他类型的内容,并单击鼠标右键,弹出快捷菜单,选择"添加到收藏夹"选项,就会在收藏夹中为其创建一个相应的快捷方式。用户可通过如下方式来访问收藏夹,查找所需内容:

①选择工具栏中的 按钮。

②在树状视图中选择 Windows 系统收藏夹中的"Autodesk"子文件夹。

③在内容区上单击鼠标右键,弹出快捷菜单,选择"收藏夹"选项。

如果用户在控制板上单击鼠标右键,弹出快捷菜单,并选择"组织收藏夹"选项,将弹出"Windows 资源管理器"窗口,并显示 AutoCAD 的收藏夹内容,用户可对其中的快捷方式进行移动、复制或删除等操作。

4. 使用设计中心编辑图形

通过 AutoCAD 设计中心可以将内容区或"搜索"对话框中的内容添加到打开的图形中。根据指定内容类型的不同,其插入的方式也不同。

(1)插入块

在 AutoCAD 设计中心中可以使用两种不同方法插入块:

①将要插入的块直接拖放到当前图形中。这种方法通过自动缩放比较图形和块使用的单位,根据两者之间的比率来缩放块的比例。在块定义中已经设置了其插入时所使用的单位,而在当前图形中则通过"图形单位"对话框来设定从设计中心插入的块的单位,在插入时系统将对这两个值进行比较并自动进行比例缩放。

②在要插入的块上单击鼠标右键,弹出快捷菜单,选择"插入为块"选项。这种方法可按指定坐标、缩放比例和旋转角度插入块。

(2)附着光栅图像

可使用如下方式来附着光栅图像:

①将要附着的光栅图像文件拖放到当前图形中。

②在图形文件上单击鼠标右键,弹出快捷菜单,选择"附着图像"选项。

(3)附着外部参照

将图形文件中的外部参照对象附着到当前图形文件中的方式如下:

①将要附着的外部参照对象拖放到当前图形中。

②在图形文件上单击鼠标右键,弹出快捷菜单,选择"附着外部参照"选项。

(4)插入图形文件

对于 AutoCAD 设计中心的图形文件,如果将其直接拖放到当前图形中,则系统将其作为块对象来处理。如果在该文件上单击鼠标右键,则有以下两种选择:

①选择"作为块插入"选项,可将其作为块插入到当前图形中。

②选择"作为外部参照附着"选项,可将其作为外部参照附着到当前图形中。

(5)插入其他内容

与块和图形一样,也可以将图层、线型、标注样式、文字样式、布局和自定义内容添加到打开的图形中,其添加方式相同。

(6)利用剪贴板插入对象

对于可添加到当前图形中的各种类型的对象,用户也可以将其从 AutoCAD 设计中心复制到剪贴板,然后粘贴到当前图形中。

具体方法为:选择要复制的对象,单击鼠标右键,弹出快捷菜单,选择"复制"选项。

5. 使用设计中心应用实例

任务:建立一个新的图形文件,将前面建立的"5-52. dwg"文件中的图层添加到新文件中。

目的:通过实例,学习 AutoCAD 设计中心的使用方法。

绘图步骤分解:

(1)建立一个新文件,以"NEW"为文件名保存。

(2)单击"标准"工具栏中的"设计中心"按钮 ▦ ,打开如图 5-77 所示图形。

(3)找到"5-52.dwg"文件,如图 5-79 所示。

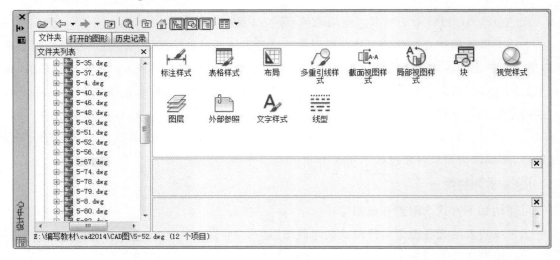

图 5-79 "设计中心"选项板 2

(4)将图层添加到新文件"NEW"中

在树状视图中,单击该项目左侧的加号"十"逐层打开,直到出现层列表,在内容区内选择要用的图层,单击鼠标右键出现快捷菜单,如图 5-80 所示,单击"添加图层"选项,被选中的图层便被添加到新文件的图层中。

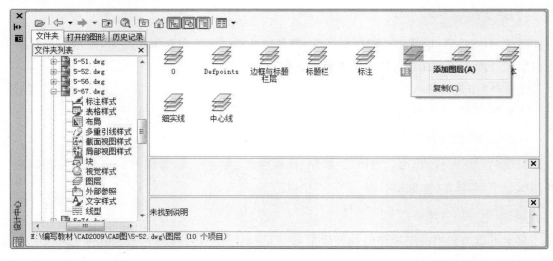

图 5-80 添加图层

执行新文件中图层下拉列表,可以看到添加后的图层,如图 5-81 所示。

图 5-81　新文件中添加的图层

![补充知识]

1.向图形文件中加入新的图层,可采用以下方法:

(1)在设计中心的内容区中直接双击指定的项目。

(2)将指定的项目拖到绘图区中。

2.用同样方法,可以把文字样式、标注样式等外部设置调入到新文件中。

习　题

一、选择题

1.在"文字样式"对话框中字体高度设置不为 0,则(　　　)。

A. 倾斜角度也不为 0　　　　　　　　　B. 宽度比例会随之改变

C. 输入文字时将不提示指定文字高度　　D. 对文字输出无意义

2.将文字对齐在第一个字符的文字单元的左上角,则应选择的文字对齐方式是(　　　)。

A. 右上　　　　　　B. 左上　　　　　　C. 中上　　　　　　D. 左中

3.设置文字的"倾斜角度"是指(　　　)。

A. 文字本身的倾斜角度　　　　　　　　B. 文字行的倾斜角度

C. 文字反向　　　　　　　　　　　　　D. 无意义

4.在 AutoCAD 中书写直径符号"φ50"时,其代码为(　　　)。

A. ％％c50　　　　　B. ％％d50　　　　　C. ％％p50　　　　　D. ％％u50

5.对图样进行尺寸标注时,不正确的做法是(　　　)。

A. 建立独立的标注层　　　　　　　　　B. 建立用于尺寸标注的文字类型

C. 设置标注的样式　　　　　　　　　　D. 不必用捕捉标注测量点进行标注

6.利用"新建标注样式"对话框,在"主单位"选项卡中设置十进制小数分隔符。下列无效的分隔符是(　　　)。

A. 句点(.)　　　　　B. 分号(;)　　　　　C. 斜线(/)　　　　　D. 逗点(,)

7.利用"新建标注样式"对话框"文字"选项卡,调整尺寸文字标注位置为任意放置时,应选择的参数选项是(　　　)。

A. 尺寸线旁边　　　　　　　　　　　　B. 尺寸线上方加引线

C. 尺寸线上方不加引线　　　　　　　　D. 标注时手动放置文字

二、填空题

1. 系统默认的文字样式名为_____，字体为_____，高度是_____，宽度比例是1。

2. 文字输出时，通过键盘输入%%c、%%d、%%p，在图样中对应输出的符号为_____、_____和_____。

3. 在"新建标注样式"对话框"公差"选项卡中设置的公差标注方式有_____、_____、_____、_____。

4. 公差标注选项为极限偏差时，精度应设置为_____，高度比例为_____，垂直位置为_____。

5. 基线标注拥有共同的_____，连续标注则拥有相同位置的_____。

三、判断题

1. 在插入块时，块可以被缩放或旋转。　　　　　　　　　　（　　）

2. WBLOCK 命令生成的图形文件，可被用于任一图形。　　（　　）

3. 一个块中的对象具有它们所在图层的特性，如颜色和线型。（　　）

4. WBLOCK 命令允许将一个已有块转换为图形文件。　　　（　　）

四、简答题

1. 如何创建文字样式？

2. 在多行文字格式编辑器中如何编辑文字？

3. 在图样中怎样编辑单行和多行文字？

4. 如何注写堆叠文字？

5. 在建立尺寸标注样式时，为什么要设置相应的文字样式？

6. 怎样使角度标注符合我国的制图标准，使其水平放置？

7. 几何公差标注步骤有哪些？

8. 怎样利用夹点调整所标注尺寸的位置？

9. 怎样建立样板图？

10. 怎样调用样板图？

11. 如何调用 AutoCAD 设计中心？

五、操作题

1. 注写下列文字：

技术要求

(1)齿轮安装后，用手转动传动齿轮时，应灵活旋转。

(2)两齿轮轮齿的啮合面应占齿长的 3/4 以上。

2. 输入下列文字和符号：

37 ℃　　　36±0.07　　　$\phi 60H7/f6$

3. 插入下列符号：

¥　　$　　#　　§　　&

4. 完成图 5-82 所示的轴测图的绘制，并注写图上和右侧的文字。

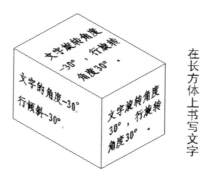

图 5-82　轴测图

5. 绘制图 5-83 所示轴零件图并标注尺寸与公差。

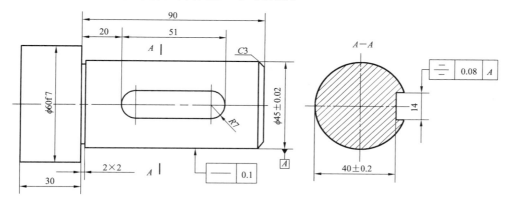

图 5-83　轴零件图

6. 绘制图 5-84 所示的曲柄零件图并标注尺寸与公差。

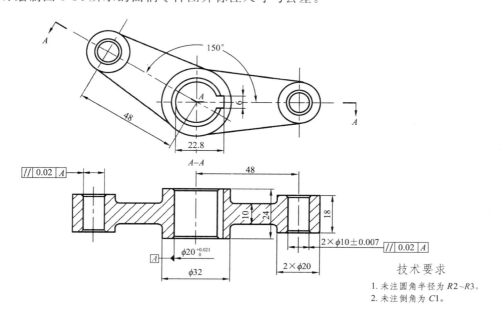

技术要求

1. 未注圆角半径为 R2~R3。
2. 未注倒角为 C1。

图 5-84　曲柄零件图

7. 绘制图 5-85 所示图形,并标注尺寸,将表面粗糙度符号设成带属性的块,插入到图形中。

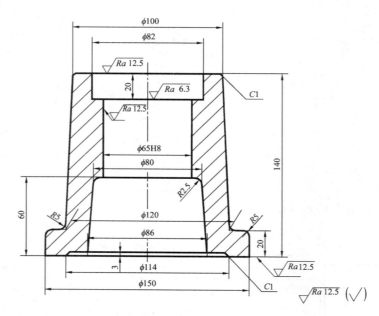

图 5-85　千斤顶底座零件图

8. 利用建立的 A3 样板图绘制图 5-86 所示的支座零件图。

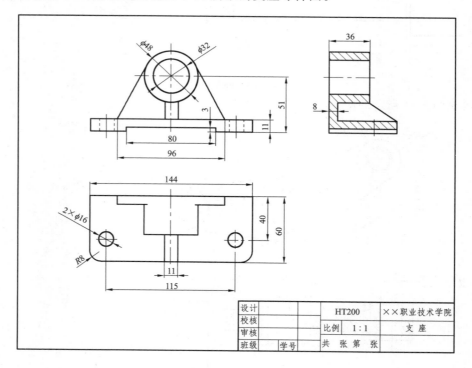

图 5-86　支座零件图

9. 绘制图 5-87 所示的箱体零件图。

10. 利用 AutoCAD 设计中心绘制图 5-88 所示的轴承座零件图。

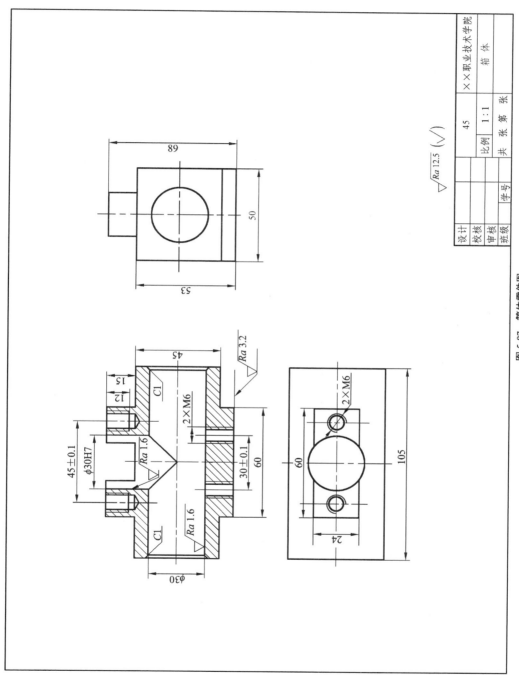

图 5-87　箱体零件图

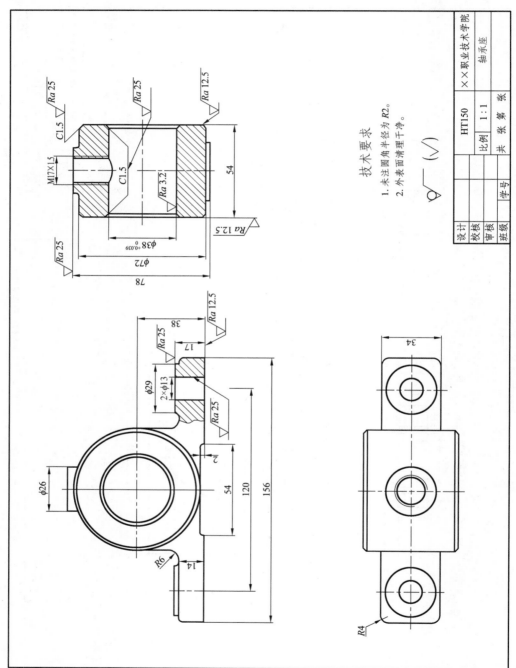

图 5-88　轴承座零件图

第6章
绘制机械图样综合实例

本章要点:

机械工程图样是生产实际中机器制造、检测与安装的重要依据。本章综合运用前面所学知识,详细介绍机械图样的绘制方法,旨在使用户的绘图技能得到进一步的训练,掌握更多的实用技巧。

思政导读:

改革开放以来,我国在前30年工业化基础上,发挥比较优势,调节工业发展结构,发展加工贸易,参与国际大循环,加入全球产业分工体系,促进产业结构升级,培育竞争优势。据工信部2021年3月宣布,我国已连续11年位居世界第一制造业大国。强烈的社会责任感是现代公民的必备素质,爱国、爱党、爱社会主义是人世间最深层、最持久的情感。

6.1 绘制机械图样综合实例1——装配图

任务: 绘制如图6-1所示的装配图,组成装配体的各零件的零件图、标题栏及明细栏如图6-2及图6-3所示。(标题栏尺寸如图5-4所示,明细栏尺寸见附录1)

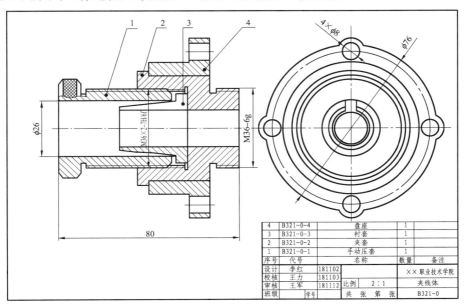

图 6-1 装配图

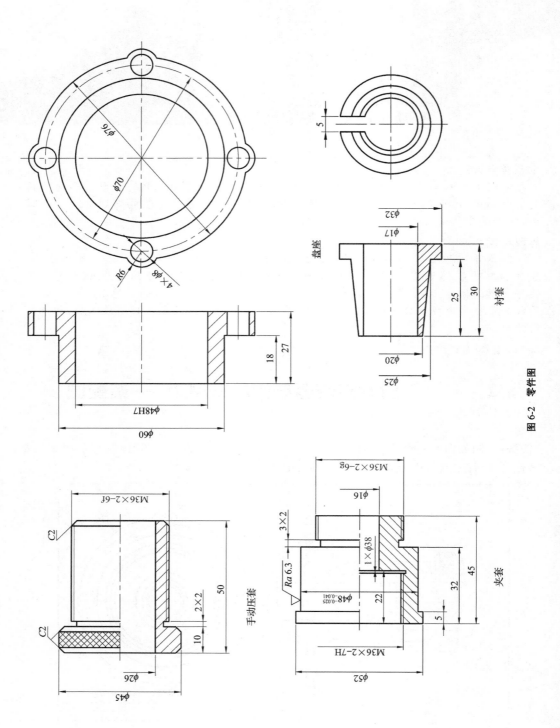

图 6-2 零件图

4	B321-0-4	盘座		1	
3	B321-0-3	衬套		1	
2	B321-0-2	夹套		1	
1	B321-0-1	手动压套		1	
序号	代号	名称		数量	备注
设计	李红	181102		××职业技术学院	
校核	王力	181103			
审核	王军	181112	比例	2:1	夹 线 体
班级		学号	共　张　第　张		B321-0

图 6-3　标题栏及明细栏

目的：通过此实例，掌握零件图的绘制方法及由零件图组装装配图的方法。

绘图步骤分解：

1. 绘制标题栏、边框线及明细栏

(1)定义绘图区

选 3 号图纸，绘图极限为(420,297)。

单击"标准"工具栏上的"新建"按钮，打开"创建新图形"对话框，单击 "使用向导"按钮，在绘图区域页面上设置长为 420，宽为 297。

微课

绘制夹线体装配图

(2)绘制边框线

利用 AutoCAD 设计中心，调用以前文件中设置好的图层、文本样式、标注样式等信息。

绘制 A3 图纸的边框线，如图 6-4 所示。

10

297

420

图 6-4　A3 图纸的边框线

(3)绘制标题栏及明细栏

插入图 6-3 文件：选择下拉菜单［插入］［块］选项，在打开的"插入"对话框中单击"浏览"按钮,选择图6-3文件,将标题栏及明细栏插入到图 6-4 中,结果如图 6-5 所示。

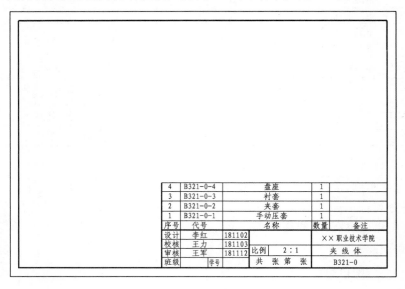

4	B321-0-4	盘座	1	
3	B321-0-3	衬套	1	
2	B321-0-2	夹套	1	
1	B321-0-1	手动压套	1	
序号	代号	名称	数量	备注

设计	李红	181102		××职业技术学院
校核	王力	181103		
审核	王军	181112	比例 2:1	夹线体
班级		学号	共 张 第 张	B321-0

图 6-5　标题栏及明细栏

注意:图 6-3 文件在插入之前应设置插入点,方法如下:选择下拉菜单[绘图][块][基点]选项,系统提示"输入基点"后,选择标题栏右下角,保存图形文件。

(4)保存

保存上述文件,文件名为"6-5.dwg"。

2.绘制各零件的零件图(形体表达及尺寸标注)

各零件图的绘制方法类似,在此列举一个零件(手动压套,如图 6-2 所示)来说明绘图的详细步骤。绘图步骤如下:

(1)新建一个文件,利用 AutoCAD 设计中心,调用以前文件中设置好的图层、文本样式、标注样式等信息。考虑到装配图的表达方式,可将零件图直接画成局部剖的形式,如图 6-6 所示。

(2)进行尺寸标注,如图 6-7 所示。

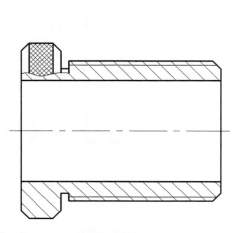

图 6-6　手动压套零件的局部剖视图

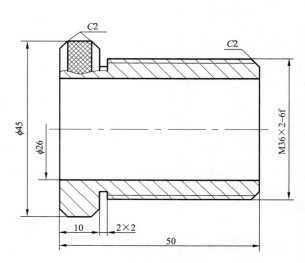

图 6-7　手动压套的尺寸标注

同理,绘制其他零件图,图 6-8 所示为夹套零件图,图 6-9 所示为衬套零件图,图 6-10 所示为盘座零件图。

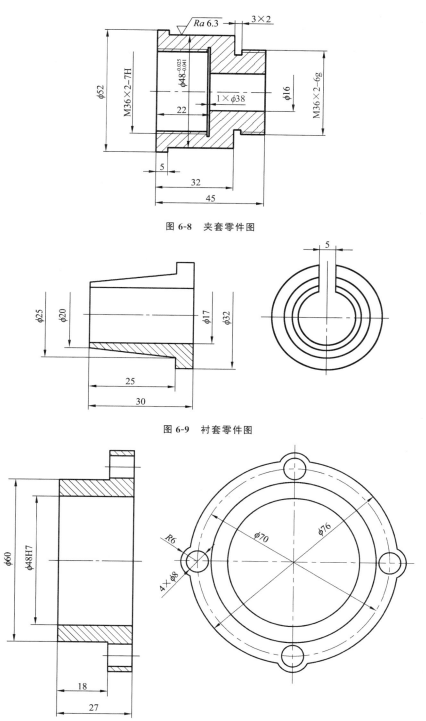

图 6-8　夹套零件图

图 6-9　衬套零件图

图 6-10　盘座零件图

3. 把零件图组装成装配图

(1)打开前面建好的标题栏文件(图 6-5)。

(2)冻结图层中"标注"层,使图中的尺寸标注不显示,便于装配图的绘制。

在"图层特性管理器"选项板中单击特征图标 ☼,使其变为灰色,则图层被冻结,图层上的内容全部隐藏。

提示、注意、技巧

在"图层特性管理器"选项板中有关特征图标的含义及应用:

①开/关图层 💡:图层打开时,可显示和编辑图层上的内容;图层关闭时,图层上的内容全部隐藏,但仍然参加图形的运算,可进行编辑和打印输出。

②冻结/解冻图层 ☼:冻结图层时,图层上的内容全部隐藏,且不可被编辑或打印,从而减少复杂图形的重新生成时间。

③锁定/解锁图层 🔒:锁定图层时,图层上的内容仍然可见,并且能够捕捉或添加新对象,但不能被编辑。默认情况下,图层是解锁的。

注意:当前层可以被关闭和锁定,但不能被冻结。

(3)将各个零件分别调入,将各零件组装在一起,使其符合装配关系。分解各零件图,删除多余的图线。

①使用前述插入文件的方法插入夹套零件(图 6-8),在"插入"对话框的"比例"设置区,选择"统一比例"选项,设置"X"值为"2"(此装配图比例为 2∶1),如图 6-11 所示,插入结果如图 6-12 所示。

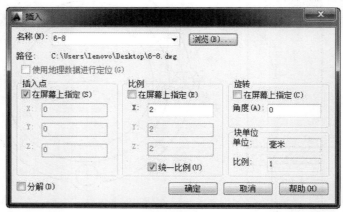

图 6-11 "插入"对话框设置

②用同样方法插入衬套零件(注意衬套零件基点的设置及相关点的捕捉),如图6-13所示。然后分解夹套和衬套零件图形并对其进行编辑,使其满足装配图的要求,如图 6-14 所示。

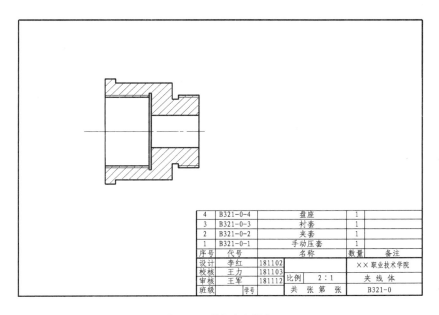

4	B321-0-4	盘座	1	
3	B321-0-3	衬套	1	
2	B321-0-2	夹套	1	
1	B321-0-1	手动压套	1	
序号	代号	名称	数量	备注
设计	李红	181102		××职业技术学院
校核	王力	181103		
审核	王军	181112	比例　2：1	夹线体
班级		学号	共　张 第　张	B321-0

图 6-12　插入夹套零件

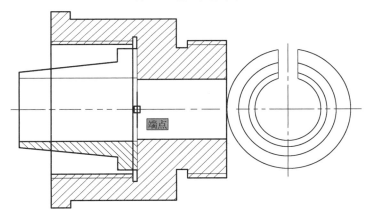

图 6-13　衬套零件相关点的捕捉

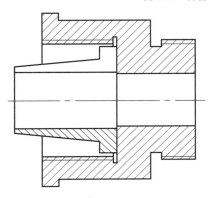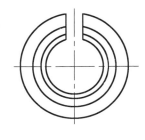

图 6-14　编辑图形 1

③插入手动压套零件并进行编辑,结果如图 6-15 所示。

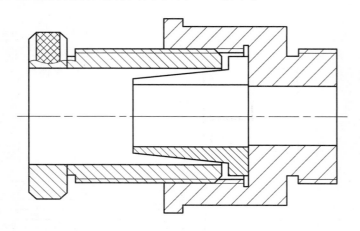

图 6-15　编辑图形 2

　　注意:插入时,手动压套最左端与夹套最右端距离为 160 mm。另外应注意螺纹及剖面线的画法。

　　④插入盘座零件,并按投影关系编辑主、左视图,结果如图 6-16 所示。

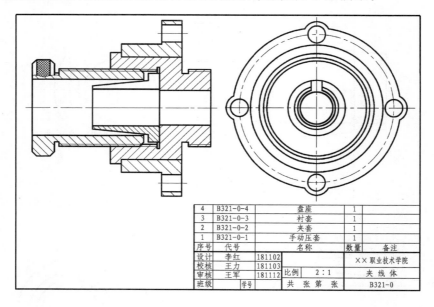

4	B321-0-4	盘座	1	
3	B321-0-3	衬套	1	
2	B321-0-2	夹套	1	
1	B321-0-1	手动压套	1	
序号	代号	名称	数量	备注

设计	李红	181102		××职业技术学院	
校核	王力	181103			
审核	王军	181112	比例	2:1	夹线体
班级		学号	共 张第 张		B321-0

图 6-16　图形编辑完成

4.标注尺寸及零件序号(图 6-17)

(1)标注尺寸

①新建一"标注"层,并将其置为当前层。

②新建标注样式,命名为"线性标注"。利用"线性标注"样式标注出尺寸 80 及直径为 76 的圆的尺寸。标注设置注意以下问题:

　　● 在"新建标注样式"对话框的"主单位"选项卡中,将"测量单位比例"设置区的"比例因

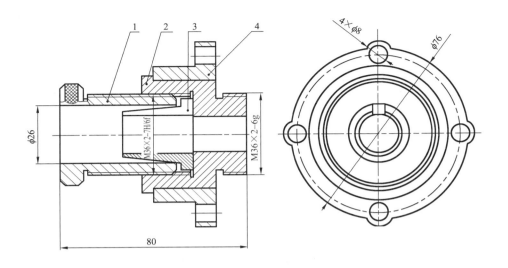

图 6-17　标注尺寸及零件序号

子"设为"0.5",因为此图的绘图比例为 2∶1,标注时应标注实际尺寸,如图 6-18 所示。

图 6-18　标注"比例因子"的设置

● 在"文字"选项卡中,"文字高度"设置应是正常标注高度的二倍,否则显示的文字会太小,设置如图 6-19 所示。

③新建标注样式,命名为"非圆样式"。在"线性标注"的基础上,将"主单位"选项卡中的"前缀"设置为"%%c",如图 6-20 所示。标注出直径为 26 的尺寸。

④4 个直径为 8 的圆的尺寸标注方法有很多种,在此选其中两种介绍如下:

首先在"线性标注"或"非圆样式"下对其进行标注。

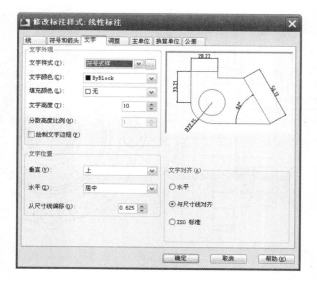

图 6-19　标注"文字高度"的设置

　　其次,单击刚刚标注的尺寸,利用右键快捷菜单中的"特性"命令或工具栏上的"特性"按钮打开"特性"选项板,如图 6-21 所示,在"文字替代"栏中输入"4×％％c8"。

图 6-20　"非圆样式"的设置

图 6-21　尺寸标注的修改 1

　　或者双击刚刚标注的尺寸,打开"文字格式"对话框,要修改的文字变成可修改的状态,此时可对标注进行修改,如图 6-22 所示。

　　⑤利用在标注样式中填加"前缀"和"后缀"或"特性"选项板中"文字替代"的方法,可标注出螺纹的尺寸和配合的尺寸。

图 6-22　尺寸标注的修改 2

(2)标注零件序号

①选择下拉菜单[标注][多重引线]选项,在"指定引线箭头的位置或[引线基线优先(L)/内容优先(C)/选项(O)]<选项>:"提示下,在手动压套图形内确定一点。

②在"指定引线基线的位置"提示下,在图形外确定一点,打开"文字格式"对话框和文字输入编辑框,选择字体为"符号样式",字体高度设为"10",在提示的文字输入处输入数字"1"。结果如图 6-23 所示,这并不是想要的格式,需对其进行修改。

③单击刚刚建立的引线,打开"特性"选项板,将"引线"选项组中的"箭头"改为"点","箭头大小"改为"1","基线距离"设置为"3";将"文字"选项组中的"连接位置"设置为"所有文字加下划线",如图 6-24 所示。引线格式如图 6-25 所示。

④将刚建立的引线 1 复制 3 个,基点为数字 1 所在的位置。

⑤双击刚复制的数字 1,分别修改为 2、3 和 4。

⑥将刚复制的引线的"点"所在位置分别移动到夹套、衬套及盘座所在的图形区域。

至此,图形绘制完成。

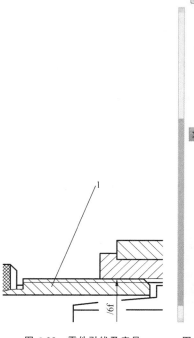

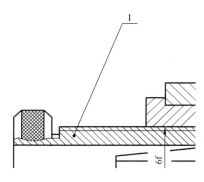

图 6-23　零件引线及序号　　　图 6-24　引线特性设置　　　图 6-25　引线格式

6.2 绘制机械图样综合实例 2——零件图及装配图

任务：绘制图 6-26、图 6-27、图 6-28 所示零件图及图 6-29 所示钳体装配图。

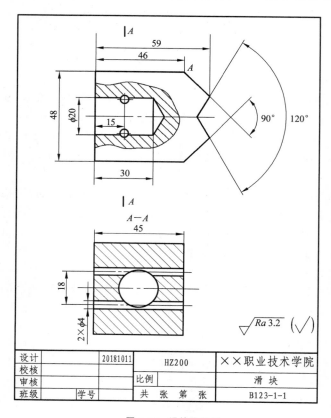

设计		20181011	HZ200	××职业技术学院
校核				
审核			比例	滑块
班级	学号		共 张 第 张	B123-1-1

图 6-26　滑块零件图

目的：通过此实例，掌握零件图的绘制方法及由零件图组装成装配图的方法。

绘图步骤分解：

1. 绘制零件图中的图形

绘制图 6-26、图 6-27、图 6-28 所示零件图中的图形并标注尺寸，分别以"滑块""螺杆""钳座"命名保存。

（1）图形的绘制及尺寸标注参考前面各章内容。注意块、样板图及设计中心的应用。

（2）存盘前应设置好基点。

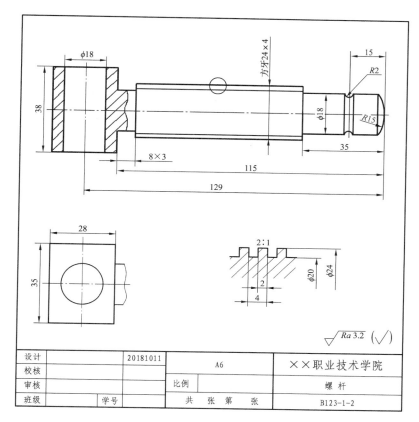

图 6-27　螺杆零件图

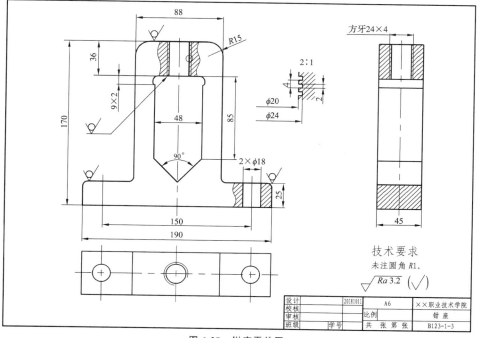

图 6-28　钳座零件图

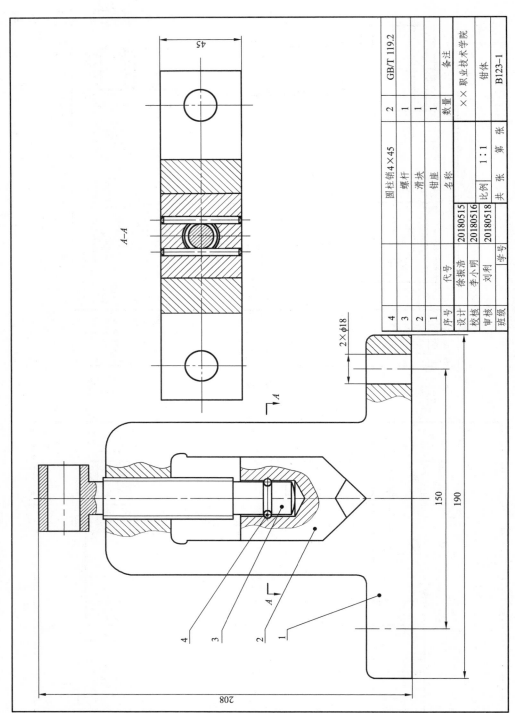

4		圆柱销4×45	2	GB/T 119.2	
3		螺杆	1		
2		滑块	1		
1		钳座	1		
序号	代号	名称	数量	备注	

设计	徐振浩	20180515		比例	1：1	××职业技术学院	
校核	李小明	20180516				钳体	
审核	刘利	20180518		共 张	第 张	B123-1	
班级	学号						

图 6-29 钳体装配图

设置滑块上的基点：选择下拉菜单[绘图][块][基点]选项，捕捉如图 6-30 所示 A 点，则 A 点作为以后绘制装配图时的插入点。

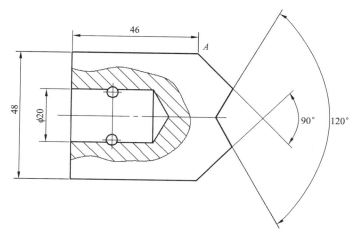

图 6-30　滑块基点的设置

同理设置螺杆基点，如图 6-31 中 B 点。

2.完成各零件图的绘制

以滑块为例说明绘图步骤。

(1)新建文件，设置图形区域为(210,297)，或打开以前所建 A4 样板图。

(2)绘制边框线，如图 6-32 所示。

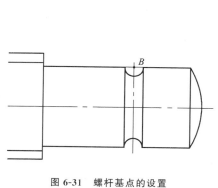

图 6-31　螺杆基点的设置

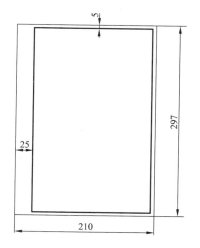

图 6-32　边框线

(3)创建带属性的标题栏块(如前面已建好，可直接插入)。

①画出标题栏框，如图 6-33 所示，粗、细实线应设在不同的图层上。(可在同一文件中绘制)

②填充文字。先建一个"文本"层。设置为细实线，在"文本"层中填充文字。设文本类型为"gbenor.shx"，并选择"使用大字体"复选框，大字体样式为"gbcbig.shx"，高度设为 0(这样在输入文字时，可根据需要设成不同的高度)，利用"单行文字"命令输入文字，如图 6-34 所示。

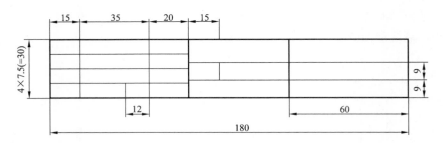

图 6-33 标题栏框

设计				
校核			比例	
审核				
班级		学号	共 张 第 张	

图 6-34 输入不带属性的部分

③指定属性。执行下拉菜单[绘图][块][定义属性]选项,系统打开"属性定义"对话框,用户可以指定属性标签、提示和值。在绘图区指定要插入属性的位置,标题栏变成如图 6-35 所示。

设计		(日期)	(材料)	(校名)
校核				(图样名称)
审核			比例	
班级		学号	共 张 第 张	(图样代号)

图 6-35 带属性的标题栏块

提示、注意、技巧

标签、提示和值的设定

例:标题栏中"(图样名称)"为标签;提示可写为"输入图样名称";值可写为"滑块"。

④定义块并将其存为文件。执行"创建块"命令,选择整个图形和属性及块的插入点(取图形的右下角为插入点),单击"确定"按钮,一个有属性的块就做成了。

使用命令 WBLOCK(W)将所定义的块保存为文件,可供其他文件使用。

(4)在图 6-32 中插入带属性的标题栏块,如图 6-36 所示。

图 6-36 插入带属性的标题栏块

(5)插入"滑块"文件及表面粗糙度符号,则得到图 6-26 所示零件图。

同理绘制螺杆及钳座零件图。

3. 绘制钳体装配图

（1）打开"钳座"文件

打开前面保存的"钳座"文件，冻结标注层，删除左视图及局部视图。图形变成如图6-37所示。将文件另存为"钳体"。

（2）插入文件"滑块"

> 绘图工具栏：🔲
> 下拉菜单：［插入］［块］

①插入滑块零件：执行上述命令后，打开"插入"对话框，单击"插入"对话框中"浏览"按钮，打开"选择图形文件"对话框，找到"滑块"文件，将其打开，插入到钳座零件图中，将基点捕捉到钳座零件图上的相应点，如图6-38所示。

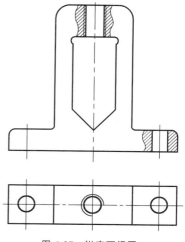

图 6-37　钳座两视图

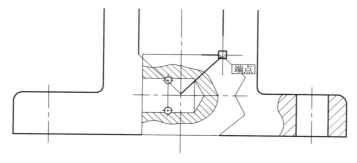

图 6-38　插入滑块

②编辑滑块：此时滑块作为一整体存在。

● 将其绕基点旋转90°。

● 分解滑块，将滑块俯视图移到钳座俯视图相应位置，如图6-39所示。

③修改装配体图形：滑块插入后，俯视图按剖视进行修改（剖切位置在内销孔处）

● 由于俯视图是在销孔处剖切得到的全剖视图，所以俯视图中原螺纹的投影不存在，将其删除。

● 填充钳座俯视图中的剖面线。输入"图案填充"命令，在"图案填充和渐变色"对话框中，单击"继承特性"按钮，对话框消失，选择主视图中钳座剖面线，再选择所要填充的区域进行填充，则钳座俯视图和主视图中的剖面线相同。

● 更改滑块剖面线的方向，使其与钳座剖面线方向相反。方法如下：

a. 更改主视图中滑块剖面线方向：选择主视图滑块剖面线，单击鼠标右键，在打开的快捷菜单中选择"图案填充编辑"选项，如图6-40所示。打开"图案填充编辑"对话框，将"角度"选项改为90°，则主视图中滑块的剖面线旋转90°。

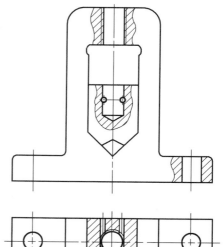

图 6-39　编辑滑块

b.更改俯视图中滑块剖面线方向:可利用"特性匹配"完成。首先选择主视图中滑块剖面线,然后单击"标准"工具栏上"特性匹配"按钮,再单击滑块俯视图中的剖面线,则剖面线的方向变成与主视图剖面线方向相同,如图 6-41 所示。

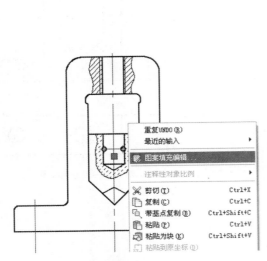

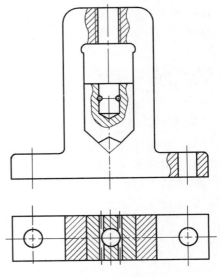

图 6-40　更改滑块主视图的剖面线方向　　　　图 6-41　编辑后装配体的图形

(3)插入螺杆

①插入螺杆:使用插入滑块方法进行操作。将基点捕捉到滑块主视图上销孔圆心点,如图 6-42 所示。

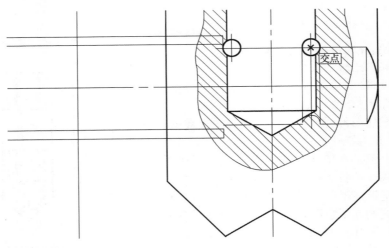

图 6-42　插入螺杆

②编辑螺杆:此时螺杆作为一整体存在。
- 将其绕基点旋转 90°。
- 分解螺杆,删除局部视图和局部放大图。
- 更改螺杆主视图的剖面线间距(现在与滑块剖面线相同),方法如上所述,只是在"图案填充编辑"对话框中将"比例"改为 0.6。

③编辑装配体。
- 利用"修剪""删除"等命令编辑装配体的主视图,如图 6-43 所示。

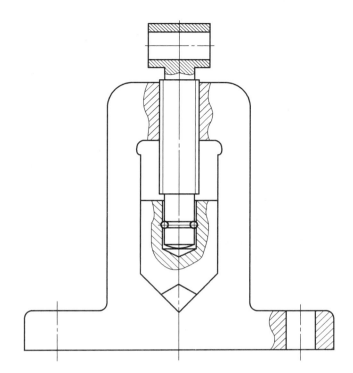

图 6-43 编辑装配体主视图

● 利用投影关系绘制俯视图所缺的图线。
● 填充螺杆俯视图的剖面线。采用钳座俯视图剖面线的填充方法进行操作。
编辑之后装配体的俯视图如图 6-44 所示。

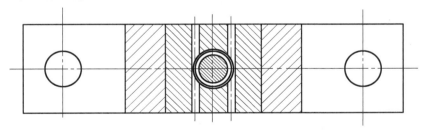

图 6-44 编辑装配体俯视图

④绘制销。主视图没有改变,俯视图变为如图 6-45 所示。

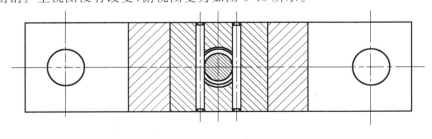

图 6-45 绘制销

4. 完成装配图绘制

利用与 6.1 节相同的方法,将刚建立的装配图插入到相应的带明细栏的图框中,标注尺寸及零件序号,完成装配图的绘制。

习　题

1．绘制如图 6-46 所示阀盖零件图。

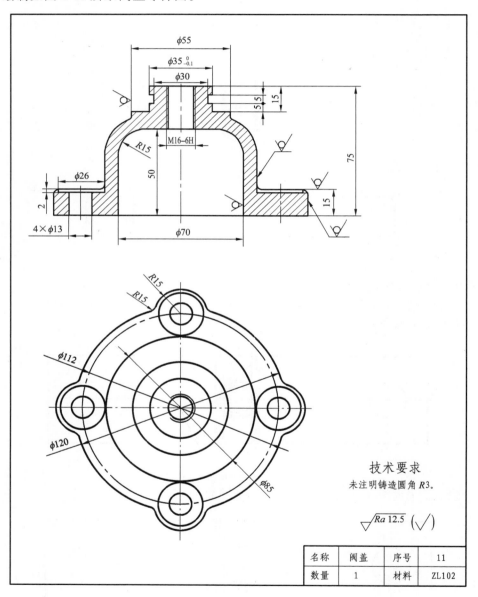

图 6-46　阀盖零件图

2．利用本章所介绍的方法，分别绘制如图 6-47 所示的 4 张零件图。

3．利用本章所介绍的方法，并结合上题绘制的零件图，绘制如图 6-48 所示的千斤顶装配图。

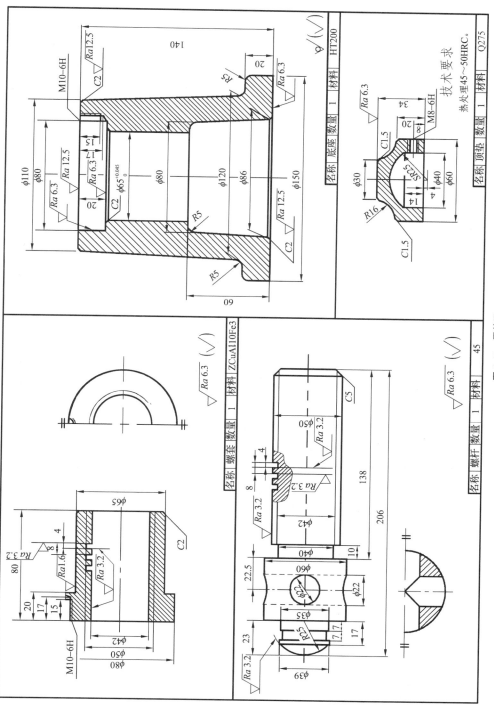

图 6-47　零件图

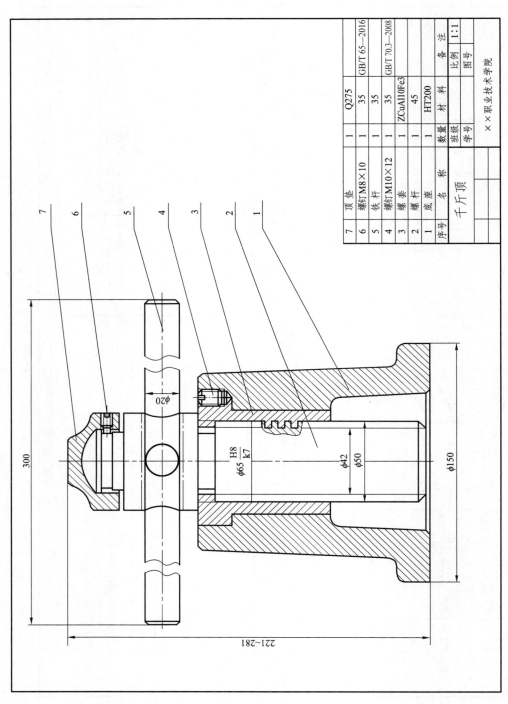

图 6-48 千斤顶装配图

7	顶垫	1	Q275	
6	螺钉M8×10	1	35	GB/T 65—2016
5	铰杆	1	35	
4	螺钉M10×12	1	35	GB/T 70.3—2008
3	螺套	1	ZCuAl10Fe3	
2	螺杆	1	45	
1	底座	1	HT200	
序号	名称	数量	材料	备注
	千斤顶	班级		比例 1:1
		学号		图号
	××职业技术学院			

ϕ20

300

221~281

$\frac{H8}{k7}$
ϕ65

ϕ42
ϕ50

ϕ150

4.绘制如图 6-49 所示的轴零件图。

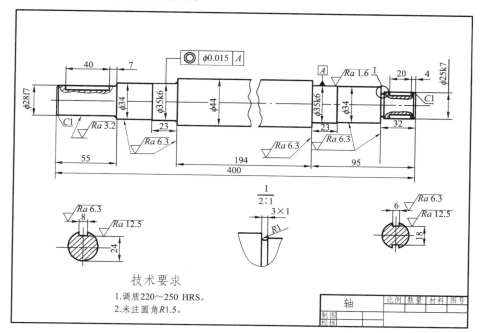

图 6-49　轴零件图

5.绘制如图 6-50 所示的铣刀头座体零件图。

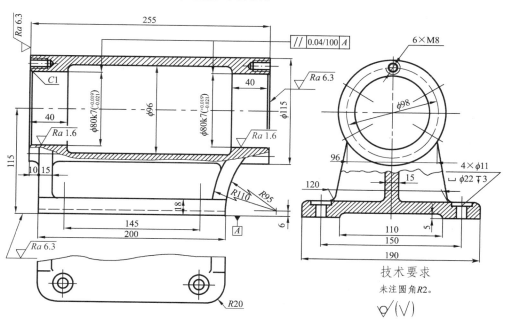

图 6-50　铣刀头座体零件图

6.绘制如图 6-51 所示的铣刀头装配图。

说明:铣刀头整个装配体包括 15 个零件。其中螺栓、轴承、挡圈等都是标准件,可根据规格、型号从用户建立的标准图形库中调用或按国家标准绘制。轴零件图如图 6-49 所示,座体零件图如图 6-50 所示,其他零件的零件图如图 6-52 所示。

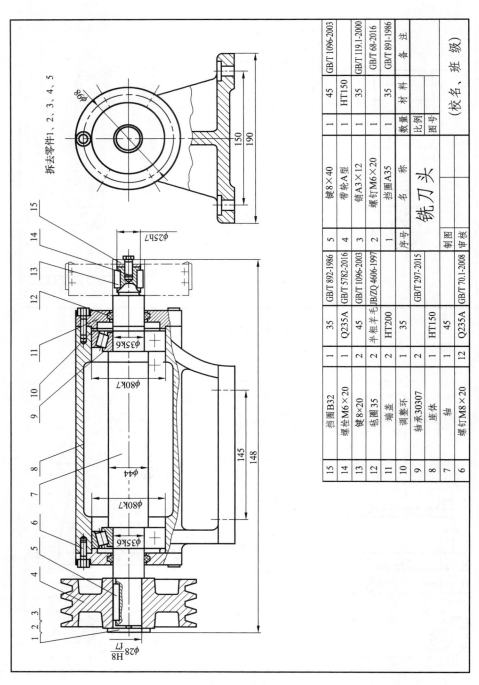

图 6-51　铣刀头装配图

15	挡圈B32	1	35	GB/T 892-1986			5	键8×40	1	45	GB/T 1096-2003
14	螺栓M6×20	1	Q235A	GB/T 5782-2016			4	带轮A型	1	HT150	
13	键8×20	2	45	GB/T 1096-2003			3	销A3×12	1		GB/T 119.1-2000
12	毡圈35	2	半粗羊毛	JB/ZQ 4606-1997			2	螺钉M6×20	1		GB/T 68-2016
11	端盖	2	HT200				1	挡圈A35	1	35	GB/T 891-1986
10	调整环	1	35				序号	名　称	数量	材　料	备　注
9	轴承30307	2		GB/T 297-2015			比例				
8	座体	1	HT150				图号				
7	轴	1	45				制图				
6	螺钉M8×20	12	Q235A	GB/T 70.1-2008			审核				

铣刀头

（校名、班级）

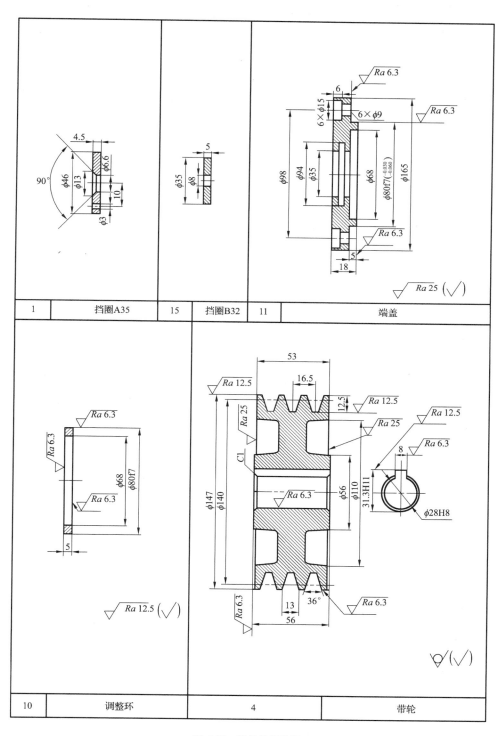

1	挡圈A35	15	挡圈B32	11	端盖
10	调整环		4		带轮

图 6-52　铣刀头零件图

第7章

创建三维实体

本章要点：

　　AutoCAD 2014 提供了强大的三维绘图功能，使用三维建模，用户可以很方便地建立物体的三维模型。三维建模可以使用 AutoCAD 2014 专门提供的三维建模工作空间，本章将介绍 AutoCAD 2014 三维建模创建实体的基本知识。

思政导读：

　　中国的机械工程技术源远流长，内涵丰富，成就至为辉煌。它与中华民族的形成和发展同步成长，对社会经济文化的增长起到了极为重要的作用。今天我们一起来了解一下中国古代机械中的记里鼓车。记里鼓车又称为记里车、大章车，它是指南车的姐妹车，他们同为天子大驾出行时的仪仗车，还时常排列在相同位置，两者要求基本相同，装饰华美富丽。车辆每走一里，车上的木人便打一下鼓，因此便得名记里鼓车。记里鼓车主要运用了齿轮传动的知识，是中国机械技术与美的重要体现。

7.1 三维几何模型分类

　　在 AutoCAD 中，用户可以创建三种类型的三维模型：线框模型、表面模型及实体模型。这三种模型在计算机上的显示方式是相同的，即以线架结构显示出来，但用户可用特定命令使表面模型及实体模型的真实性表现出来。

一、线框模型

　　线框模型是一种轮廓模型，它是用线（3D 空间的直线及曲线）表达三维立体，不包含面及体的信息。不能使该模型消隐或着色。又由于其不含有体的数据，用户也不能得到对象的质量、重心、体积、惯性矩等物理特性，不能进行布尔运算。图 7-1 显示了立体的线框模型，在消隐模式下也能看到后面的线。线框模型结构简单，易于绘制。

二、表面模型

　　表面模型是用物体的表平面表示物体的。表面模型具有面及三维立体边界信息。表面不透明，能遮挡光线，因而表面模型可以被渲染及消隐。对于计算机辅助加工，用户还可以根据零件的表面模型形成完整的加工信息，但是不能进行布尔运算。如图 7-2 所示是两个表面模型的消隐效果，前面的薄片圆筒遮住了后面长方体的一部分。

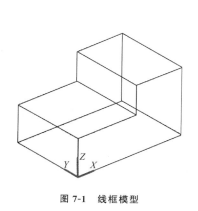

图 7-1　线框模型

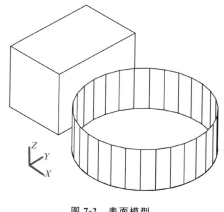

图 7-2　表面模型

三、实体模型

实体模型具有线、面、体的全部信息。对于此类模型，可以区分对象的内部及外部，可以对它进行打孔、切槽和添加材料等布尔运算，对实体装配进行干涉检查，分析模型的质量特性，如质心、体积和惯性矩。对于计算机辅助加工，用户还可利用实体模型的数据生成数控加工代码，进行数控刀具轨迹仿真加工等。如图 7-3 所示是实体模型。

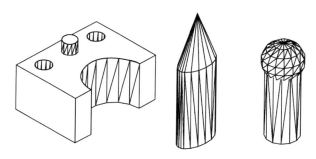

图 7-3　实体模型

实体建模是 AutoCAD 三维建模中比较重要的一部分。实体模型能够完整描述对象的 3D 特征，并包含了线框模型和表面模型的各种功能，而且复杂实体的创建比线框模型和表面模型更容易构造和编辑。

AutoCAD 2014 提供了三维建模工作空间和实体建模及编辑等工具。

(1)三维建模工作空间

可采用下述方法切换到三维建模工作空间：

工作空间工具栏:[工作空间][三维建模]
状态栏:⚙[三维建模]

执行上述命令后，可把系统切换至三维建模工作空间，如图 7-4 所示。

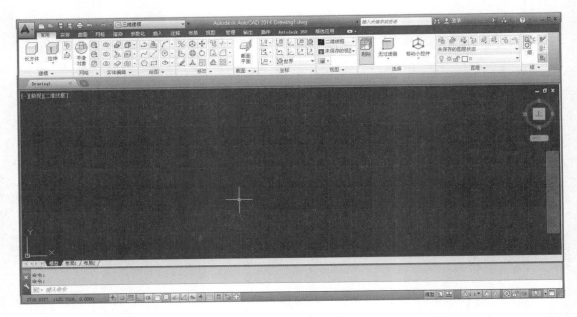

图 7-4   三维建模工作空间

（2）面板

"建模"面板和"实体编辑"面板如图 7-5 所示。

（a）"建模"面板   （b）"实体编辑"面板

图 7-5   "建模"面板和"实体编辑"面板

7.2 三维坐标系实例——三维坐标系、视图、长方体、倒角、删除面

AutoCAD 提供了两种坐标系：一种是绘制二维图形时常用的坐标系，即世界坐标系（WCS），由系统默认提供；另一种是用户坐标系，为了方便创建三维模型，AutoCAD 允许用户根据自己的需要设定坐标系，即用户坐标系（UCS）。合理地创建 UCS，用户可以方便地创建三维实体。图 7-6 所示为两种坐标系下的图标。

缺省状态时，AutoCAD 的坐标系是世界坐标系。世界坐标系是唯一的、固定不变的，对于二维绘图，在大多数情况下，世界坐标系就能满足作图需要，但若是创建三维模型，就不太方便了，因为用户常常要在不同平面或是沿某个方向绘制结构。如绘制图 7-7 所示的图形，在世界坐标系下是不能完成的。此时，需以要绘图的平面为 XY 坐标平面创建新的坐标系，然后再调用绘图命令绘制图形。

在绘制三维图形过程中，常常要从不同方向观察图形，AutoCAD 默认视图是 XY 平面，方

向为 Z 轴的正方向,看不到物体的高度。AutoCAD 提供了多种创建 3D 视图的方法,便于沿不同的方向观察模型,比较常用的是用标准视点观察模型和三维动态旋转方法。标准视点观察实体的"视图"工具位于"常规"选项卡"视图"面板中,如图 7-8 所示。

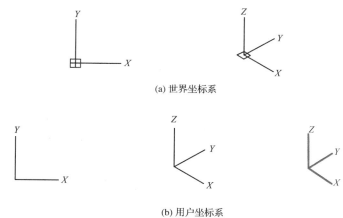

(a) 世界坐标系

(b) 用户坐标系

图 7-6　两种坐标系下的图标

任务:绘制如图 7-7 所示的实体。

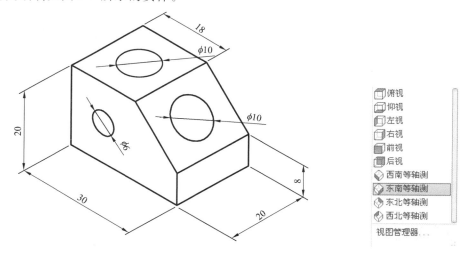

图 7-7　在用户坐标系下绘图　　　　图 7-8　"视图"工具

目的:通过绘制此图形,学习"长方体"命令、实体倒角、"删除面"命令和用户坐标系的建立方法。

绘图步骤分解:

1. 绘制长方体

用以下方法之一调用"长方体"命令:

常用选项卡:[建模] ⬜
实体选项卡:[图元][长方体]
命令窗口:BOX ✓

AutoCAD 提示：

命令：_box

指定第一个角点或[中心(C)]：**在屏幕上任意点单击**

指定其他角点或[立方体(C)/长度(L)]：**L** ↙   //选择给定长宽高模式

指定长度：**30** ↙

指定宽度：**20** ↙

指定高度或[两点(2P)]：**20** ↙

绘制出长 30、宽 20、高 20 的长方体，单击"视图"选项卡中"视图"面板上的"东南等轴测"按钮，将视点设为东南方向。在"视图"选项卡的"视觉样式"面板中将"视觉样式"设置为"隐藏"，图形如图 7-9 所示。

2. 倒角

用于二维图形的"倒角""圆角"命令在三维图形中仍然可用。

在"实体"选项卡中，单击"实体编辑"面板上的"倒角边"按钮。

AutoCAD 提示：

命令：_CHAMFEREDGE

距离 1＝1.0000，距离 2＝1.0000

选择一条边或[环(L)/距离(D)]：**在 AB 直线上单击**   //参见图 7-9 操作

选择同一个面上的其他边或[环(L)/距离(D)]：**D** ↙

指定距离 1 或[表达式(E)]＜1.0000＞：**12** ↙

指定距离 2 或[表达式(E)]＜1.0000＞：**12** ↙

选择同一个面上的其他边或[环(L)/距离(D)]：↙

按 Enter 键接受倒角或[距离(D)]：↙

结果如图 7-10 所示。

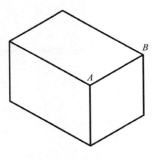

图 7-9   绘制长方体

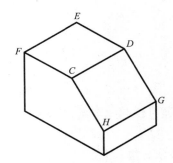

图 7-10   长方体倒角

3. 移动坐标系，绘制上表面圆

因为 AutoCAD 只可以在 XY 平面上画图，要绘制上表面上的图形，则需要建立用户坐标系。由于世界坐标系的 XY 面与 $CDEF$ 面（图 7-10）平行，且 X 轴、Y 轴又分别与四边形 $CDEF$ 的边平行，因此只要把世界坐标系移到 $CDEF$ 面上即可。移动坐标系，只改变坐标原点的位置，不改变 X 轴、Y 轴的方向。

（1）移动坐标系

在命令窗口输入命令动词"UCS"，操作如下：

命令：**UCS**↙

当前 UCS 名称：＊世界＊

指定 UCS 的原点或［面（F）/命名（NA）/对象（OB）/上一个（P）/视图（V）/世界（W）/X/Y/Z/Z 轴（ZA）］＜世界＞：**选择 F 点单击**　　　　　　　　//参见图 7-10 操作

指定 X 轴上的点或 ＜接受＞：**选择 C 点单击**

指定 XY 平面上的点或 ＜接受＞：**选择 E 点单击**

也可按下述方法直接调用"原点"命令：

常用选项卡：［坐标］	↳
视图选项卡：［坐标］	↳

结果如图 7-11 所示。

（2）绘制上表面圆

打开"对象捕捉追踪""对象捕捉"功能，调用"圆"命令，捕捉上表面的中心点，以 5 为半径绘制上表面的圆。结果如图 7-12 所示。

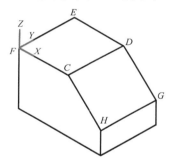

图 7-11　移动坐标系

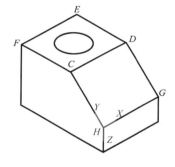

图 7-12　绘制表面圆及建立坐标系

4.三点法建立用户坐标系，绘制斜面上圆

（1）三点法建立用户坐标系

在命令窗口输入命令动词"UCS"，操作如下：

命令：**UCS**↙

当前 UCS 名称：＊没有名称＊

指定 UCS 的原点或［面（F）/命名（NA）/对象（OB）/上一个（P）/视图（V）/世界（W）/X/Y/Z/Z 轴（ZA）］＜世界＞：**在 H 点单击**　　　　　　//参见图 7-12 操作

指定 X 轴上的点或 ＜接受＞：**在 G 点单击**

指定 XY 平面上的点或 ＜接受＞：**在 C 点单击**

也可用下面方法直接调用"三点"命令建立用户坐标系：

常用选项卡：［坐标］	↳3
视图选项卡：［坐标］	↳3

（2）绘制圆

方法同第 3 步，结果如图 7-13 所示。

5. 以所选实体表面建立 UCS，在侧面上画圆

（1）选择实体表面建立 UCS

在命令窗口输入"UCS"，调用用户坐标系命令，操作如下：

命令：**UCS**↙

当前 UCS 名称：＊没有名称＊

指定 UCS 的原点或[面（F）/命名（NA）/对象（OB）/上一个（P）/视图（V）/世界（W）/X/Y/Z/Z 轴（ZA）]＜世界＞：**F**↙

选择实体面、曲面或网格：**在侧面上接近底边处拾取实体表面**   //参见图 7-13 操作

输入选项[下一个（N）/X 轴反向（X）/Y 轴反向（Y）]＜接受＞：↙   //接受图示结果

结果如图 7-13 所示。

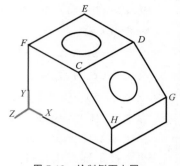

图 7-13   绘制侧面上圆

（2）绘制圆

方法同第 4 步，完成如图 7-7 所示图形。

补充知识

1. UCS 命令

在三维建模过程中，使用 UCS 命令建立用户坐标系，始终在 XY 平面上绘图。

2. 启动 UCS 命令的方法

常用选项卡：[坐标]
视图选项卡：[坐标]
命令窗口：UCS↙

创建图 7-7 所示实例时介绍了建立用户坐标系常用的两种方法，在 UCS 命令中有许多选项，如：

指定 UCS 的原点或[面（F）/命名（NA）/对象（OB）/上一个（P）/视图（V）/世界（W）/X/Y/Z/Z 轴（ZA）]＜世界＞：

各选项功能如下：

（1）指定 UCS 的原点

使用一点、两点或三点定义一个新的 UCS，如图 7-14 所示。如果指定单个点，则当前 UCS 的原点将移动而不会更改 X 轴、Y 轴和 Z 轴的方向。

（2）面（F）

将 UCS 与三维实体的选定面对齐。要选择一个面，请在此面的边界内或面上单击，被选中的面将亮显，UCS 的 X 轴将与找到的第一个面上的最近的边对齐。

（3）对象（OB）

根据选定三维对象定义新的坐标系。此选项不能用于下列对象：三维多段线、三维网格、

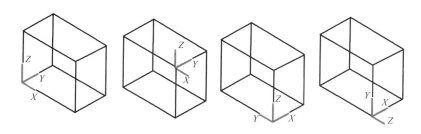

图 7-14　指定 UCS 的原点

视口、多线、面域、样条曲线、椭圆、射线、构造线、引线、多行文字。对于非三维面的对象,新 UCS 的 XY 平面与当前绘制该对象时生效的 XY 平面平行。但 X 轴和 Y 轴可做不同的旋转。如选择圆为对象,则圆的圆心成为新 UCS 的原点。

(4)上一个(P)

恢复上一个 UCS。

(5)视图(V)

以垂直于观察方向(平行于屏幕)的平面为 XY 平面,建立新的坐标系。UCS 保持不变。

(6)世界(W)

将当前用户坐标系设置为世界坐标系。

(7)X/Y/Z

绕指定的 X 轴、Y 轴或 Z 轴旋转当前的 UCS。

(8)Z 轴(ZA)

用指定的 Z 轴正半轴定义 UCS。

7.3　观察三维图形——三维动态观察器、布尔运算

任务:绘制如图 7-15 所示的物体。

图 7-15　骰子

目的:通过绘制此物体,掌握用三维动态观察器观察模型,使用"圆角"命令、布尔运算编辑三维实体的方法。

绘图步骤分解：

1.绘制立方体

(1)新建两个图层("常用"选项卡的"图层"面板)

层名	颜色	线型	线宽
实体层	白色	Continuous	默认
辅助线层	黄色	Continuous	默认

将"实体层"作为当前层。

在"常用"选项卡中，单击"视图"面板上"东南等轴测"按钮，将视点设置为东南方向。

(2)绘制立方体

在"常用"选项卡中，单击"建模"面板上"长方体"按钮，调用"长方体"命令，AutoCAD 提示：

命令：_box

指定第一个角点或[中心点(C)]<0,0,0>:**在屏幕上任意一点单击**

指定其他角点或[立方体(C)/长度(L)]：**C**✓   //绘制立方体

指定长度：**20**✓

结果如图 7-16 所示。

2.挖上表面的一点坑

(1)移动坐标系到上表面

略。

(2)绘制球

在"常用"选项卡中，单击"建模"面板上的"球体"按钮，调用"球体"命令，AutoCAD 提示：

命令：_sphere

指定中心点或[三点(3P)/两点(2P)/切点、切点、半径(T)]：**利用双向追踪捕捉上表面的中心**

指定半径或[直径(D)]:**5**✓

结果如图 7-17 所示。

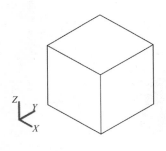

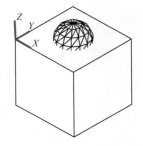

图 7-16　立方体　　　　　　　　　　图 7-17　绘制球

(3)布尔运算

在"常用"选项卡中，单击"实体编辑"面板上的"差集"按钮，调用"差集"命令，AutoCAD 提示：

命令：_subtract

选择要从中减去的实体、曲面和面域...

选择对象:**在立方体上单击。找到 1 个**　　　//参见图 7-17 操作

选择对象:↙　　　//结束被减去实体的选择

选择要减去的实体、曲面和面域...

选择对象:**在球体上单击。找到 1 个**

选择对象:↙　　　//结束差集运算

结果如图 7-18 所示。

3. 在左侧面上挖两点坑

(1)旋转 UCS

调用 UCS 命令,AutoCAD 提示:

命令:_ucs

当前 UCS 名称: * 没有名称 *

指定 UCS 的原点或[面(F)/命名(NA)/对象(OB)/上一个(P)/视图(V)/世界(W)/X/Y/Z/Z 轴(ZA)]<世界>:**X** ↙

指定绕 X 轴的旋转角度 <90>:↙

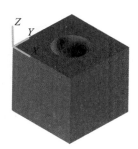

图 7-18　挖一点坑

(2)确定球心点

在"草图设置"对话框中选择"端点"和"节点"捕捉,并打开"对象捕捉"功能。

选择"辅助线"层为当前层,调用"直线"命令,连接对角线。

运行[绘图][点][定数等分]命令,将辅助线三等分。结果如图 7-19(a)所示。

(3)绘制球

捕捉辅助线上的等分点为球心,以 4 为半径绘制两个球。

(4)差集运算

调用"差集"命令,以立方体为被减去的实体,两个球为减去的实体,进行差集运算,结果如图 7-19(b)所示。

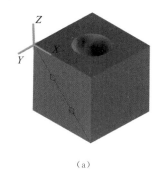

(a)

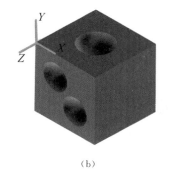

(b)

图 7-19　挖两点坑

以同样的方法挖前表面上的三点坑。如图 7-20 所示。

4. 挖底面上的六点坑

(1)在"视图"选项卡中,单击"导航"面板上的"自由动态观察"按钮 ,激活三维动态观察器,屏幕上出现绿色圆圈,将光标移至圆圈内,出现球形光标,按住鼠标左键并向上拖动,使立方体的下表面转到上面全部可见位置。按 Esc 键或 Enter 键退出,或者单击鼠标右键,选择快捷菜单中的"退出"命令退出,结果如图 7-21 所示。

（2）同创建两点坑一样，将上表面作为 XY 平面，建立用户坐标系，绘制作图辅助线，定出六个球心点，再绘制六个半径为 2 的球，然后进行布尔运算，结果如图 7-22 所示。

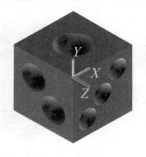
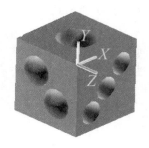
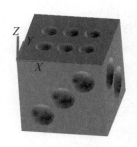

图 7-20　挖三点坑　　　图 7-21　三维动态观察　　　图 7-22　挖六点坑

5. 挖四点坑和五点坑

用同样的方法，调整好视点，挖另两面上的四点坑和五点坑，结果如图 7-23 所示。

6. 各棱线倒圆角

（1）倒上表面圆角

单击"常用"选项卡"修改"面板上的"圆角"按钮，调用"圆角"命令，AutoCAD 提示：

命令：_fillet

当前设置：模式 = 修剪，半径 = 0.0000

选择第一个对象或［放弃（U）/多段线（P）/半径（R）/修剪（T）/多个（M）］：**选择上表面一条棱线**

输入圆角半径或［表达式（E）］＜0.0000＞：**2**↙

选择边或［链（C）/环（L）/半径（R）］：**选择上表面另三条棱线**

选择边或［链（C）/环（L）/半径（R）］：↙

已选定 4 个边用于圆角。

结果如图 7-24 所示。

（2）倒下表面圆角

单击"视图"选项卡"导航"面板上的"自由动态观察"按钮，调整视图方向，使立方体的下表面转到上面四条棱线全部可见位置。然后调用"圆角"命令，选择四条棱线，倒下表面圆角，结果如图 7-25 所示。

图 7-23　挖坑完成　　　图 7-24　倒上表面圆角　　　图 7-25　倒下表面圆角

（3）倒侧面圆角

再次调用"圆角"命令，同时启用"自由动态观察"功能，选择侧面的四条棱线，以半径为 2 倒圆角。

（4）删除辅助线和辅助点

删除"辅助线"层上的所有辅助线和辅助点。完成图如图 7-15 所示。

提示：这里倒圆角时不能为 12 条棱线一次倒圆角，因为 AutoCAD 内部要为倒圆角计算，会发生运算错误，导致倒圆角失败。

7. 观察图形

在"常用"选项卡的"视图"面板上打开"消隐"模式，分别单击如图 7-8 所示的"视图"工具，以不同方向观察图形的变化。

1. 改变三维图形曲面轮廓素线

系统变量 ISOLINES 是用于控制显示曲面线框弯曲部分的素线数目。有效整数值为 0 到 2047，初始值为 4。如图 7-26 所示是 ISOLINES 值为 4 和 12 时圆柱的线框显示形式。

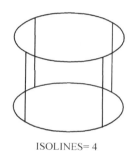　　　　

ISOLINES= 4　　　　　　　　　　　ISOLINES=12

图 7-26　ISOLINES 对图形显示的影响

2. 布尔运算

在 AutoCAD 中，三维实体可进行并集、差集、交集三种布尔运算，创建复杂实体。

（1）并集运算

如图 7-27（a）所示为圆柱体及长方体两个实体，将多个实体合成一个新的实体，如图 7-27（b）所示。

调用命令方法：

常用选项卡：[实体编辑] ◎◎
实体选项卡：[布尔值][并集]
命令窗口：UNION ↙

（2）差集运算

通过减操作从一个实体中去掉另一些实体而得到一个实体。

调用命令方法：

常用选项卡：[实体编辑] ◎◎
实体选项卡：[布尔值][差集]
命令窗口：SUBTRACT ↙

（3）交集运算

由两个或多个实体的交集创建复合实体并删除交集以外的部分，如图 7-27（c）所示。

调用命令方法：

常用选项卡：［实体编辑］⊚

实体选项卡：［布尔值］［交集］

命令窗口：INTERSECT ↙

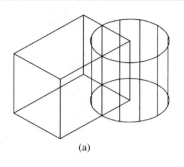 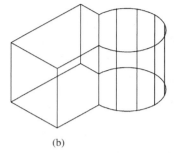 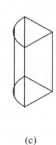

(a)   (b)   (c)

图 7-27　布尔运算

3.动态观察器

AutoCAD 2014 提供了具有交互控制功能的三维动态观察器,用户可以用三维动态观察器实时地控制和改变当前界面中的三维视图,以得到用户期望的效果。

(1)动态观察

调用命令方法：

视图选项卡：［导航］✥

命令窗口：3DORBIT ↙

执行该命令后,视图的目标将保持静止,而视点将围绕目标移动。但是,从用户的视点看起来就像三维模型正在随着鼠标光标拖动而旋转。用户可以以此方式指定模型的任意视图。

(2)自由动态观察

调用命令方法：

视图选项卡：［导航］ ⊘

命令窗口：3DFORBIT ↙

执行该命令后,在当前界面出现一个绿色的大圆,在大圆上有 4 个绿色的小圆,此时通过拖动鼠标就可以对视图进行旋转观测。当光标移至绿色大圆的内、外和 4 个控制点上时,会出现不同的光标表现形式：

⟳ 光标位于观察球内时,拖动鼠标可旋转对象。

⟲ 光标位于观察球外时,拖动鼠标可使对象绕通过观察球中心且垂直于屏幕的轴转动。

⟱ 光标位于观察球上、下小圆时,拖动鼠标可使视图绕通过观察球中心的水平轴旋转。

⟺ 光标位于观察球左、右小圆时,拖动鼠标可使视图绕通过观察球中心的垂直轴旋转。

(3)连续动态观察

调用命令方法：

视图选项卡：［导航］ ⊘

命令窗口：3DCORBIT ↙

执行该命令后,在当前界面出现动态观察图标,按住鼠标左键拖动,图形按鼠标拖动方向旋转,旋转速度为鼠标拖动速度。

4. 视图控制器

在 AutoCAD 2014 中,增加了视图控制器功能,通过该功能,可以方便地转换方向视图。
调用命令方法:

命令窗口:NAVVCUBE ↙

上述命令控制视图控制器的打开与关闭。当打开该功能时,绘图界面的右上角自动显示
视图控制器,如图 7-28 所示。

单击视图控制器的显示面或指示箭头,界面图形就自动转换到相应的方向视图,图 7-29
所示为单击视图控制器"上"面后,系统转换到上视图的情形,单击视图控制器上的按钮,系
统回到东南等轴测视图。

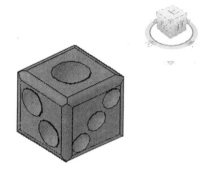

图 7-28　视图控制器 1　　　　　　　　　　　图 7-29　视图控制器 2

7.4　创建基本三维实体实例——圆柱、圆锥

任务:绘制如图 7-30 所示的实体。

目的:通过绘制此图形,学习"圆柱体""圆锥体"命令的使用。

绘图步骤分解:

该图形是由圆柱、圆锥、球组合而成的,球的中心,圆柱、圆锥的轴线在同一条
中心线上。

1. 绘制基座——圆柱

(1)设置视图方向为"东南等轴测"方向。

(2)设置线框密度

命令:ISOLINES ↙

输入 ISOLINES 的新值 <4>:**20** ↙

(3)绘制圆柱

采用下述任一种方法调用"圆柱体"命令:

常用选项卡:[建模][⬚]
实体选项卡:[图元][圆柱体]
命令窗口:CYLINDER ↙

AutoCAD 提示:

图 7-30　电视塔

命令：_cylinder

指定底面的中心点或[三点(3P)/两点(2P)/切点、切点、半径(T)/椭圆(E)]：**0,0,0** ✓

指定底面半径或[直径(D)]<5.0000>：**80** ✓

指定高度或[两点(2P)/轴端点(A)]<20.0000>：**10** ✓

2.绘制圆锥

采用下述任一种方法调用"圆锥体"命令：

> 常用选项卡：[建模]△
>
> 实体选项卡：[图元][多段体][圆锥体]
>
> 命令窗口：CONE ✓

AutoCAD 提示：

命令：_cone

指定底面的中心点或[三点(3P)/两点(2P)/切点、切点、半径(T)/椭圆(E)]：**0,0,10** ✓

//底面中心在圆柱上表面中心

指定底面半径或[直径(D)]<80.0000>：**50** ✓

指定高度或[两点(2P)/轴端点(A)/顶面半径(T)]<10.0000>：**800** ✓

3.绘制球

在"常用"选项卡中，单击"建模"面板上的"球体"按钮，调用"球体"命令，AutoCAD 提示：

命令：_sphere

指定中心点或[三点(3P)/两点(2P)/切点、切点、半径(T)]：**0,0,250** ✓

指定半径或[直径(D)]<50.0000>：**80** ✓　　　　//完成底下球的绘制

命令：✓　　　　　　　　　　　　　　　　　　　//再次调用"球体"命令

命令：_sphere

指定中心点或[三点(3P)/两点(2P)/切点、切点、半径(T)]：**0,0,450** ✓

指定半径或[直径(D)]<80.0000>：**50** ✓

4.布尔运算

在"常用"选项卡中，单击"实体编辑"面板上的"并集"按钮，调用"并集"命令，AutoCAD 提示：

命令：_union

选择对象：**窗口选择各个对象**。找到 4 个

选择对象：✓

完成图如图 7-30 所示。

补充知识

1."圆柱体"命令中的选项

中心点：输入底面圆心的坐标，此选项为系统的默认选项，然后指定底面的半径和高度。

三点(3P)：通过指定三个点来定义圆柱体的底面周长和底面。

两点(2P)：通过指定两个点来定义圆柱体的底面直径。

切点、切点、半径(T)：定义具有指定半径且与两个对象相切的圆柱体底面。

椭圆(E)：绘制椭圆柱体。其中端面椭圆的绘制方法与平面椭圆一样。

2."圆锥体"命令中的选项

"圆锥体"命令中的选项与"圆柱体"命令选项相同。

提示：创建这种较规则的实体模型时，最好利用坐标点确定位置，这样操作起来较为方便。

7.5　创建基本三维实体实例——环

任务：绘制如图 7-31 所示的实体。

目的：通过绘制此图形，学习"圆环体"命令的使用。

绘图步骤分解：

1. 绘制大圆环

(1) 将视图调整到"东南等轴测"方向。

(2) 采用下述任一种方法调用"圆环体"命令：

> 常用选项卡：［建模］◎
>
> 实体选项卡：［图元］［多段体］［圆环体］
>
> 命令窗口：TORUS ✓

AutoCAD 提示：

命令：_torus

指定中心点或［三点(3P)/两点(2P)/切点、切点、半径(T)］：**0，0，0** ✓

指定半径或［直径(D)］：**100** ✓

指定圆管半径或［两点(2P)/直径(D)］：**2** ✓

2. 绘制环珠

(1) 调整坐标系方向，如图 7-32 所示。

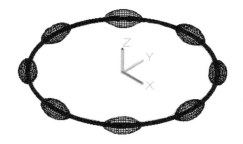

图 7-31　环

图 7-32　绘制环珠

(2) 绘制橄榄球

单击"常用"选项卡"建模"面板上的"圆环体"按钮，调用"圆环体"命令，AutoCAD 提示：

命令：_torus

指定中心点或［三点(3P)/两点(2P)/切点、切点、半径(T)］：**100，0，0** ✓

指定半径或［直径(D)］<100.0000>：**-20** ✓

指定圆管半径或［两点(2P)/直径(D)］<2.000>：**30** ✓

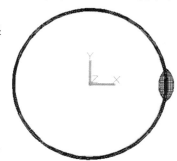

图 7-33　阵列准备

3. 阵列环珠

调整视图方向到俯视图方向，如图 7-33 所示。

在"常用"选项卡中，调用"修改"面板上的"环形阵列"命令，以大环的中心为阵列中心，在 360° 范围内阵列环珠，个数为 8 个。

完成图如图 7-31 所示。

提示、注意、技巧

　　1.在绘制环时,如果给定环半径大于圆管半径,则绘制的是正常的环。如果给定环半径为负值,并且圆管半径大于给定环半径的绝对值,则绘制的是橄榄形。

　　2.阵列对象时,如果阵列对象分布在一个平面上,则可将 XY 平面调整到该平面上,利用平面的"阵列"命令阵列对象,这样比用"3D 阵列"命令(后面介绍)方便得多。

7.6　通过二维图形创建实体——拉伸

任务:绘制如图 7-34 所示的实体。

目的:通过绘制此图形,学习"拉伸"命令的使用。

绘图步骤分解:

1.画端面

(1)绘制长方形

调用"矩形"命令,绘制长方形,长 100,宽 60。

(2)绘制圆,调整方向

调用"圆"命令,绘制半径为 30 的圆。将视图方向调整到"西南等轴测"方向,如图 7-35 所示。

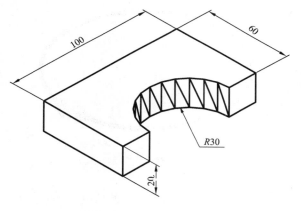

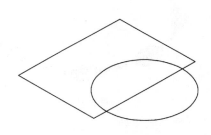

图 7-34　拱形体　　　　　　　　　　　图 7-35　绘制长方形和圆

(3)创建面域

单击"常用"选项卡上的"绘图"下拉箭头,单击"面域"按钮 ▣ ,调用"面域"命令,Auto-CAD 提示:

命令:_region

选择对象:**选择图 7-35 所示长方形和圆。**找到 2 个

选择对象:　　　　　　　　　　　　//结束选择

已提取 2 个环。

已创建 2 个面域。

（4）布尔运算

在"常用"选项卡上，单击"实体编辑"面板上的"差集"按钮，用长方形面域减去圆形面域，结果如图 7-36 所示。

2. 拉伸面域

采用下述任一种方法调用"拉伸"命令：

常用选项卡：［建模］［⬆］

实体选项卡：［实体］［拉伸］

命令窗口：EXTRUDE ↙

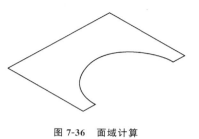

图 7-36　面域计算

AutoCAD 提示：

命令：_extrude

当前线框密度：ISOLINES＝4 闭合轮廓创建模式＝实体

选择要拉伸的对象或［模式（MO）］：_MO 闭合轮廓创建模式［实体（SO）/曲线（SU）］＜实体＞：_SO

选择要拉伸的对象或［模式（MO）］：**在图 7-36 所示面域线框上单击。**找到 1 个

选择要拉伸的对象或［模式（MO）］：↙

指定拉伸高度或［方向（D）/路径（P）/倾斜角（T）/表达式（E）］：**20** ↙

完成图形如图 7-34 所示。

补充知识

（1）"拉伸"命令选项：

方向（D）：通过指定的两点确定拉伸的长度和方向。

路径（P）：对拉伸对象沿路径拉伸。可以作为路径的对象有直线、圆、椭圆、圆弧、椭圆弧、多段线、样条曲线等。

倾斜角（T）：用于拉伸的倾斜角是两个指定点的距离。

（2）可以拉伸的对象有：圆、椭圆、正多边形、用"矩形"命令绘制的矩形、封闭的样条曲线、封闭的多段线、面域等。

（3）路径与截面不能在同一平面内，二者一般分别在两个相互垂直的平面内，如图 7-37 所示。圆为拉伸对象，样条曲线和矩形为路径。

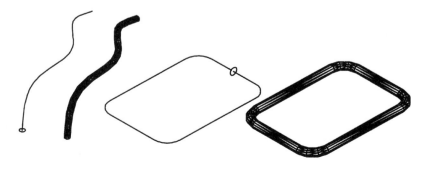

图 7-37　路径拉伸

（4）指定拉伸高度为正时，沿 Z 轴正方向拉伸；指定拉伸高度为负时，沿 Z 轴反方向拉伸。

（5）拉伸的倾斜角度在－90°和＋90°之间。

（6）含有宽度的多段线在拉伸时宽度被忽略，沿线宽中心拉伸。含有厚度的对象，拉伸时厚度被忽略。

7.7　通过二维图形创建实体——旋转

任务：绘制如图 7-38 所示的实体模型。

目的：通过绘制此图形，学习"旋转"命令的使用。

绘图步骤分解：

1. 画回转截面

新建一张图，将视图方向调整到主视图方向，调用"多段线"命令，绘制如图 7-39（a）所示的封闭图形，再绘制辅助直线 *AC*、*BD*，如图 7-39（b）所示。

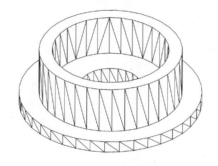

图 7-38　旋转实体

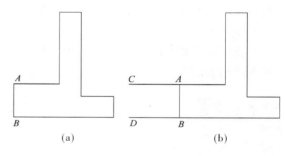

图 7-39　绘制截面

2. 旋转生成实体

采用下述任一种方法调用"旋转"命令：

> 常用选项卡：［建模］⬡
> 实体选项卡：［实体］［旋转］
> 命令窗口：REVOLVE ↙

AutoCAD 提示：

命令：_revolve

当前线框密度：ISOLINES＝4　闭合轮廓创建模式＝实体

选择要旋转的对象或［模式（MO）］：_MO 闭合轮廓创建模式［实体（SO）/曲面（SU）］＜实体＞：_SO

选择要旋转的对象或［模式（MO）］：**选择封闭线框**。找到 1 个

　　　　　　　　　　　　　　　　　　　　　　//参见图 7-39 操作

选择要旋转的对象或［模式（MO）］：↙　　　//结束选择

指定轴起点或根据以下选项之一定义轴［对象（O）/X/Y/Z］＜对象＞：**选择端点 *C***

指定轴端点：**选择端点 *D***

指定旋转角度或［起点角度（ST）/反转（R）/表达式（EX）］＜360＞：↙

　　　　　　　　　　　　　　　　　　　　　//接受默认，按 360°旋转

3. 选择辅助线 *AC*、*BD* 并删除

结果如图 7-38 所示。

补充知识

1. 命令选项

指定轴起点:通过两个点来定义旋转轴。AutoCAD 将按指定的角度和旋转轴旋转二维对象。

对象(O):选择一条已有的直线作为旋转轴。

X/Y/Z:将二维对象绕当前坐标系(UCS)的 X 轴、Y 轴、Z 轴旋转。

2. 旋转轴方向

捕捉两个端点指定旋转轴时,旋转轴方向从先捕捉点指向后捕捉点。

选择已知直线为旋转轴时,旋转轴的方向从直线距离坐标原点近的一端指向远的一端。

3. 旋转方向

旋转角度正向符合右手螺旋法则,即用右手握住旋转轴线,大拇指指向旋转轴正向,四指指向为旋转角度方向。

4. 旋转角度

旋转角度为 $0°\sim360°$,图 7-40 所示为旋转角度为 $180°$ 和 $270°$ 时的情形。

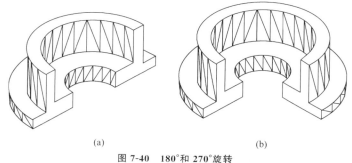

(a)　　　　　　　　　　　　　　　(b)

图 7-40　180°和 270°旋转

7.8　编辑实体——剖切、切割

任务:绘制如图 7-41 所示的实体模型和断面图形。

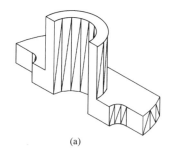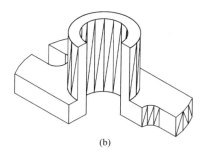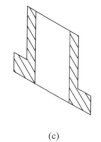

(a)　　　　　　　　　　　　(b)　　　　　　　　　(c)

图 7-41　轴座

目的：通过绘制此图形，学习"剖切"命令、"切割"命令的使用。

绘图步骤分解：

1. 绘制底面实体

(1) 绘制外形轮廓

按如图 7-42 所示尺寸绘制外形轮廓。

(2) 创建面域

在"常用"选项卡中，单击"绘图"面板上的"面域"按钮，调用"面域"命令，选择所有图形，生成两个面域。再调用"实体编辑"面板上的"差集"命令，用外面的大面域减去中间圆孔面域，完成面域创建。

(3) 拉伸面域

单击"建模"面板上的"拉伸"按钮，调用"拉伸"命令，AutoCAD 提示：

命令：_extrude

当前线框密度：ISOLINES＝4　闭合轮廓创建模式＝实体

选择要拉伸的对象或[模式(MO)]：_MO 闭合轮廓创建模式[实体(SO)/曲线(SU)]＜实体＞：_SO

选择要拉伸的对象或[模式(MO)]：**选择图 7-42 所示图形**。找到 1 个

选择要拉伸的对象或[模式(MO)]：↙

指定拉伸的高度或[方向(D)/路径(P)/倾斜角(T)/表达式(E)]：**8** ↙

结果如图 7-43 所示。

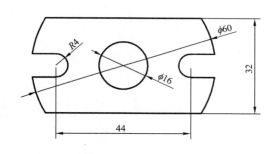

图 7-42　平面图形

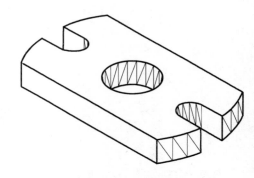

图 7-43　底板实体

2. 创建圆筒

(1) 绘制圆筒端面

调用"圆"命令，绘制如图 7-44 所示的图形。

(2) 创建环形面域

调用"绘图"面板上的"面域"命令，选择两个圆，生成两个面域。然后再调用"实体编辑"面板上的"差集"命令，用大圆面域减去小圆面域，得到环形面域。

(3) 拉伸实体

调用"建模"面板上的"拉伸"命令，选择环形面域，以高度为 22、倾斜角度为 0° 拉伸面域，

生成圆筒，如图 7-45 所示。

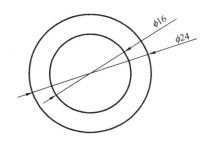

图 7-44　圆筒端面

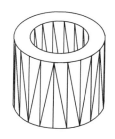

图 7-45　圆筒

3.合成实体

(1)组装模型

单击"修改"面板上的"三维移动"按钮，调用"三维移动"命令，AutoCAD 提示：

命令：_3dmove

选择对象：**选择圆筒**。找到 1 个

选择对象：↙　　　　　　　　　　　　//结束选择

指定基点或位移：**选择圆筒下表面圆心**

指定位移的第二点或＜用第一点作位移＞：**选择底板上表面圆孔圆心**

(2)"和"运算

单击"实体编辑"面板上的"并集"按钮，调用"并集"命令，选择两个实体，合成一个，如图 7-46 所示。将创建的实体复制两份备用。

4.创建全剖实体模型

采用下述任一种方法调用"剖切"命令：

常用选项卡：[实体编辑] 🖾

实体选项卡：[实体编辑][剖切]

命令窗口：SLICE↙

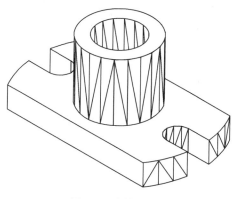

图 7-46　完整的实体

AutoCAD 提示：

命令：_slice

选择要剖切的对象：**选择实体模型**。找到 1 个

选择要剖切的对象：↙

指定切面的起点或[平面对象(O)/曲面(S)/Z 轴(Z)/视图(V)/XY(XY)/YZ(YZ)/ZX(ZX)/三点(3)]＜三点＞：**选择左侧 U 形槽上圆心 A**　　//参见图 7-47 操作

指定平面上的第二个点：**选择圆筒上表面圆心 B**

指定平面上的第三个点：**选择右侧 U 形槽上的圆心 C**

在所需的侧面上指定点或[保留两个侧面(B)]＜保留两个侧面＞：**在图形的右上方单击**

　　　　　　　　　　　　　　　　　　//后侧保留

结果如图 7-41(a)所示。

5.创建半剖实体模型

(1)调用"剖切"命令

选择前面复制的完整轴座实体,重复剖切过程,当系统提示"在所需的侧面上指定点或[保留两个侧面(B)]＜保留两个侧面＞:"时,选择"B"选项,则剖切的实体两侧全保留。结果如图 7-47 所示,虽然看似一个实体,但已经分成前后两部分,并且在两部分中间过 A、B、C 三点已经产生一个分界面。

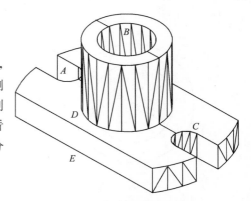

图 7-47　切割成两部分的实体

(2)将前部分左右剖切

再调用"剖切"命令,AutoCAD 提示:

命令:_slice

选择要剖切的对象:**选择前部分实体**。找到 1 个

选择要剖切的对象:↙　　　　　　　　　　　　 //结束选择

指定切面的起点或[平面对象(O)/曲面(S)/Z 轴(Z)/视图(V)/XY(XY)/YZ(YZ)/ZX(ZX)/三点(3)]＜三点＞:**选择圆筒上表面圆心 B**

指定平面上的第二个点:**选择底座边中心点 D**

指定平面上的第三个点:**选择底座边中心点 E**

在所需的侧面上指定点或[保留两个侧面(B)]＜保留两个侧面＞:**在图形左上方单击**

结果如图 7-48 所示。

(3)合成

单击"实体编辑"面板上的"并集"按钮,调用"并集"命令,选择两部分实体,将剖切后得到的两部分合成一体,结果如图 7-41(b)所示。

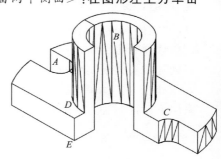

图 7-48　半剖的实体

6.创建断面图

选择备用的完整实体进行操作。

(1)切割

调用"切割"命令:

命令窗口:SECTION ↙

AutoCAD 提示:

命令:SECTION

选择对象:**选择实体**。找到 1 个

选择对象:↙　　　　　　　　　　　　　　 //选择结束

指定截面上的第一个点,依照[对象(O)/Z 轴(Z)/视图(V)/XY(XY)/YZ(YZ)/ZX(ZX)/三点(3)]＜三点＞:**选择左侧 U 形槽上圆心 A**

指定平面上的第二个点:**选择圆筒上表面圆心 B**

指定平面上的第三个点:**选择右侧 U 形槽上圆心 C**

结果如图 7-49(a)所示(在线框模式下)。

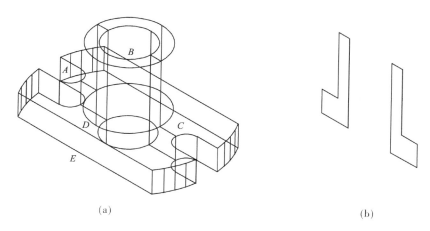

(a)　　　　　　　　　　　　　　　　　　　　(b)

图 7-49　切割实体

（2）移出切割面

单击"修改"面板上的"移动"按钮，调用"移动"命令，选择图 7-49（a）中的切割面，移动到图形外，如图 7-49（b）所示。

（3）连接图线

调用"直线"命令，连接上下缺口。

（4）填充图形

单击"绘图"面板上的"图案填充"按钮，调用"图案填充"命令，然后选择两侧闭合区域填充，结果如图 7-41（c）所示。

7.9　编辑实体的面——拉伸面

任务: 将如图 7-50（a）所示的实体模型修改成如图 7-50（b）所示的图形。

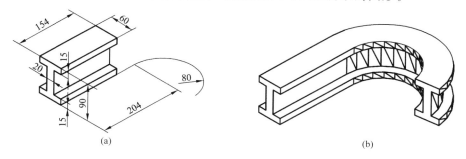

(a)　　　　　　　　　　　　　　　　　　　　(b)

图 7-50　工字钢

目的: 通过绘制此图形，学习"拉伸面"命令的使用。

绘图步骤分解：

1.创建图 7-50(a)所示实体

新建一张图纸,调整到主视图方向,调用"多段线"命令,按图示尺寸绘制工字形断面,再调用"实体"面板上的"拉伸"命令,将视图方向调至"西南等轴测"方向,创建图 7-50(a)所示实体。

2.创建曲面体

(1)绘制拉伸路径

将坐标系的 XY 平面调整到底面上,坐标轴方向与工字形棱线平行,调用"多段线"命令,绘制拉伸路径。

(2)拉伸面

采用下述任一种方法调用"拉伸面"命令:

| 常用选项卡:[实体编辑] |
| 实体选项卡:[实体编辑][拉伸面] |

AutoCAD 提示:

命令：_solidedit

实体编辑自动检查：SOLIDCHECK＝1

输入实体编辑选项[面(F)/边(E)/体(B)/放弃(U)/退出(X)]＜退出＞：_face

输入面编辑选项[拉伸(E)/移动(M)/旋转(R)/偏移(O)/倾斜(T)/删除(D)/复制(C)/颜色(L)/材质(A)/放弃(U)/退出(X)]＜退出＞：_extrude

选择面或[放弃(U)/删除(R)]:**选择工字形实体右端面。**找到 1 个面

选择面或[放弃(U)/删除(R)/全部(ALL)]：↙

指定拉伸高度或[路径(P)]：**P**↙

选择拉伸路径:**在路径线上单击**

已开始实体校验。

已完成实体校验。

结果如图 7-50(b)所示。

补充知识

1.命令选项"指定拉伸高度"的使用方法同"拉伸"命令中的"指定拉伸高度"选项是相同的,这里不再赘述。

2.选择面时常常会把一些不需要的面选择上,此时应选择"删除"选项删除多选择的面。

7.10 编辑实体的面——移动面、旋转面、倾斜面

任务:将图 7-51(a)所示的实体模型修改成如图 7-51(b)所示的图形。

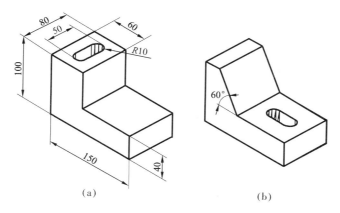

(a)　　　　　　　　　　　　　　(b)

图 7-51　垫块实体

目的:通过绘制此图形,学习"移动面""旋转面""倾斜面"命令的使用。

绘图步骤分解:

1.绘制原图形

(1)创建 L 形实体块

建立一张新图,调整到主视图方向,用"多段线"命令按尺寸绘制 L 形实体的端面,然后调用"拉伸"命令创建实体,并在其上表面捕捉棱边中点绘制辅助线 *AB*,如图 7-52(a)所示。

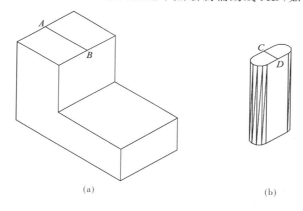

(a)　　　　　　　　　　　　　　(b)

图 7-52　创建原图形

(2)创建腰圆形立体

在俯视图方向按尺寸绘制腰圆形端面,生成面域后,拉伸成实体,并在其上表面绘制辅助线 *CD*,如图 7-52(b)所示。

(3)布尔运算

选择腰圆形立体,以 *CD* 的中点为基点移动到 *AB* 的中点处,然后用 L 形实体减去腰圆形实体,原图形绘制完成,结果如图 7-51(a)所示。

2.移动面

采用下述任一种方法调用"移动面"命令:

常用选项卡:〔实体编辑〕 ✥▱
命令窗口:SOLIDEDIT✓〔面〕〔移动〕

AutoCAD 提示：

命令：_solidedit

实体编辑自动检查：SOLIDCHECK＝1

输入实体编辑选项［面(F)/边(E)/体(B)/放弃(U)/退出(X)］＜退出＞：_face

输入面编辑选项［拉伸(E)/移动(M)/旋转(R)/偏移(O)/倾斜(T)/删除(D)/复制(C)/颜色(L)/材质(A)/放弃(U)/退出(X)］＜退出＞：_move

选择面或［放弃(U)/删除(R)］：**在孔边缘线上单击。找到 1 个面**

选择面或［放弃(U)/删除(R)/全部(ALL)］：**在孔边缘线上单击。找到 2 个面**

选择面或［放弃(U)/删除(R)/全部(ALL)］：**在孔边缘线上单击。找到 2 个面**

选择面或［放弃(U)/删除(R)/全部(ALL)］：**在孔边缘线上单击。找到 2 个面**

选择面或［放弃(U)/删除(R)/全部(ALL)］：**R ↙**

删除面或［放弃(U)/添加(A)/全部(ALL)］：**选择多选择的表面。找到 1 个面,已删除 1 个**

删除面或［放弃(U)/添加(A)/全部(ALL)］：**↙**

　　　　　　　　　　　　//当只剩下要移动的内孔面时,结束选择,
　　　　　　　　　　　　　如图 7-53(a)所示

指定基点或位移：**选择 CD 的中点**

指定位移的第二点：**选择 EF 的中点**

已开始实体校验。

已完成实体校验。

结果如图 7-53(b)所示。

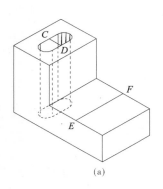 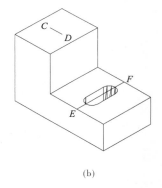

(a)　　　　　　　　　　　　　　　　(b)

图 7-53　移动面

3. 旋转面

采用下述任一种方法调用"旋转面"命令：

常用选项卡：［实体编辑］
命令窗口：SOLIDEDIT↙［面］［旋转］

AutoCAD 提示：

命令：_solidedit

实体编辑自动检查：SOLIDCHECK＝1

输入实体编辑选项 [面 (F)/边 (E)/体 (B)/放弃 (U)/退出 (X)] ＜退出＞：_face

输入面编辑选项 [拉伸 (E)/移动 (M)/旋转 (R)/偏移 (O)/倾斜 (T)/删除 (D)/复制 (C)/颜色 (L)/材质 (A)/放弃 (U)/退出 (X)] ＜退出＞：_rotate

选择面或 [放弃 (U)/删除 (R)]：**选择内孔表面**。找到 2 个面

……

删除面或 [放弃 (U)/添加 (A)/全部 (ALL)]：↙ //同上步一样选择全部内孔表面,当只剩

下要移动的内孔表面时,结束选择

指定轴点或 [经过对象的轴 (A)/视图 (V)/X 轴 (X)/Y 轴 (Y)/Z 轴 (Z)] ＜两点＞：**Z** ↙

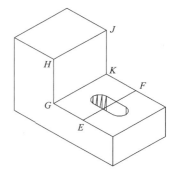

指定旋转原点＜0,0,0＞：**选择 EF 的中点**

指定旋转角度或 [参照 (R)]：**90** ↙

已开始实体校验。

已完成实体校验。

结果如图 7-54 所示。

4. 倾斜面

采用下述任一种方法调用"倾斜面"命令：

图 7-54 旋转面

常用选项卡：[实体编辑] 🔧

命令窗口：SOLIDEDIT↙[面][倾斜]

AutoCAD 提示：

命令：_solidedit

实体编辑自动检查：SOLIDCHECK＝1

输入实体编辑选项 [面 (F)/边 (E)/体 (B)/放弃 (U)/退出 (X)] ＜退出＞：_face

输入面编辑选项 [拉伸 (E)/移动 (M)/旋转 (R)/偏移 (O)/倾斜 (T)/删除 (D)/复制 (C)/颜色 (L)/材质 (A)/放弃 (U)/退出 (X)] ＜退出＞：_taper

选择面或 [放弃 (U)/删除 (R)]：**选择 GHJK 表面**。找到 1 个面　　　//参见图 7-54 操作

选择面或 [放弃 (U)/删除 (R)/全部 (ALL)]：↙

指定基点：**选择 G 点**

指定沿倾斜轴的另一个点：**选择 H 点**

指定倾斜角度：**30** ↙

已开始实体校验。

已完成实体校验。

删除辅助线结果如图 7-51 (b) 所示。

7.11 编辑实体的面——着色面、复制面

任务：将图 7-55 (a) 所示的实体模型修改成图 7-55 (b)、图 7-55 (c) 所示的图形。

目的：通过绘制此图形,学习"着色面""复制面"命令的使用。

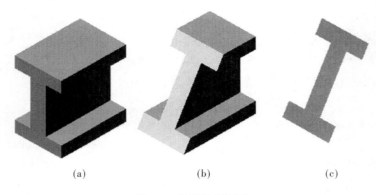

(a)　　　　　　　　(b)　　　　　　　　(c)

图 7-55　着色面、复制面

绘图步骤分解：

1. 创建如图 7-55(a)所示实体

步骤略。

2. 倾斜面

调用"旋转面"命令，选择工字形端面，以侧边为轴，以 30°角旋转轴面，得到倾斜面。

3. 着色面

采用下述任一种方法调用"着色面"命令：

> 常用选项卡：[实体编辑] ⚏
>
> 命令窗口：SOLIDEDIT↙[面][颜色]

AutoCAD 提示：

命令：_solidedit

实体编辑自动检查：SOLIDCHECK＝1

输入实体编辑选项[面(F)/边(E)/体(B)/放弃(U)/退出(X)]＜退出＞：_face

输入面编辑选项[拉伸(E)/移动(M)/旋转(R)/偏移(O)/倾斜(T)/删除(D)/复制(C)/颜色(L)/材质(A)/放弃(U)/退出(X)]＜退出＞：_color

选择面或[放弃(U)/删除(R)]：**选择倾斜端面**。找到 1 个面

选择面或[放弃(U)/删除(R)/全部(ALL)]：↙

弹出"选择颜色"对话框，选择合适的颜色，单击"确定"按钮。再按 Esc 键结束命令，在面着色或体着色的模式下观察图形，结果如图 7-55(b)所示。

4. 复制面

采用下述任一种方法调用"复制面"命令：

> 常用选项卡：[实体编辑] ⚏
>
> 命令窗口：SOIDEDIT↙[面][复制]

AutoCAD 提示：

命令：_solidedit

实体编辑自动检查：SOLIDCHECK＝1

输入实体编辑选项[面(F)/边(E)/体(B)/放弃(U)/退出(X)]＜退出＞：_face

输入面编辑选项[拉伸(E)/移动(M)/旋转(R)/偏移(O)/倾斜(T)/删除(D)/复制(C)/颜色(L)/材质(A)/放弃(U)/退出(X)]＜退出＞：_copy

　　选择面或[放弃(U)/删除(R)]：**选择倾斜端面**。找到 1 个面

　　选择面或[放弃(U)/删除(R)/全部(ALL)]：↙

　　指定基点或位移：**选择左下角点**

　　指定位移的第二点：**选择目标点**

再按 Esc 键结束命令,结果如图 7-55(c)所示。

7.12 编辑实体——抽壳、复制边、三维对齐、着色边

　　任务：创建如图 7-56 所示实体。

　　目的：通过绘制此图形,学习"抽壳""复制边""三维对齐""着色边"命令的使用。

　　绘图步骤分解：

　　1. 创建长方体

　　新建一个图形,调用"长方体"命令,绘制长 400、宽 250、高 120 的长方体。

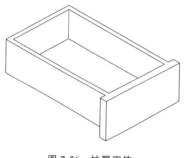

图 7-56　抽屉实体

　　2. 抽壳

　　采用下述任一种方法调用"抽壳"命令：

| 实体选项卡：[实体编辑] |
| 命令窗口：SOLIDEDIT↙[体][抽壳] |

　　AutoCAD 提示：

　　命令：_solidedit

　　实体编辑自动检查：SOLIDCHECK＝1

　　输入实体编辑选项[面(F)/边(E)/体(B)/放弃(U)/退出(X)]＜退出＞：_body

　　输入体编辑选项[压印(I)/分割实体(P)/抽壳(S)/清除(L)/检查(C)/放弃(U)/退出(X)]＜退出＞：_shell

　　选择三维实体：**选择长方体**

　　删除面或[放弃(U)/添加(A)/全部(ALL)]：**选择长方体上表面**。找到 1 个面,已删除 1 个

　　删除面或[放弃(U)/添加(A)/全部(ALL)]：**选择长方体前表面**。找到 1 个面,已删除 1 个

　　删除面或[放弃(U)/添加(A)/全部(ALL)]：↙

　　输入抽壳偏移距离：**18** ↙

　　已开始实体校验。

　　已完成实体校验。

结合如图 7-57 所示。

3. 复制边

采用下述任一种方法调用"复制边"命令：

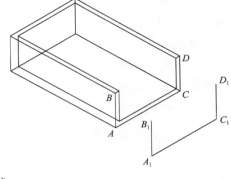

图 7-57   抽壳、复制边

> 常用选项卡：［实体编辑］🗔
>
> 命令窗口：SOLIDEDIT↙［边］［复制］

AutoCAD 提示：

命令：_solidedit

实体编辑自动检查：SOLIDCHECK＝1

输入实体编辑选项［面（F）/边（E）/体（B）/放弃（U）/退出（X）］＜退出＞：_edge

输入边编辑选项［复制（C）/着色（L）/放弃（U）/退出（X）］＜退出＞：_copy

选择边或［放弃（U）/删除（R）］：**选择 AB 边**

选择边或［放弃（U）/删除（R）］：**选择 AC 边**

选择边或［放弃（U）/删除（R）］：**选择 CD 边**

选择边或［放弃（U）/删除（R）］：↙

指定基点或位移：**选择点 A**

指定位移的第二点：**选择目标点**

再按 Esc 键结束命令，得到复制的边框线 A_1B_1、A_1C_1、C_1D_1，如图 7-57 所示。

4. 创建抽屉面板

（1）新建 UCS，将原点置于 A_1 点，A_1C_1 作为 X 轴方向，A_1B_1 作为 Y 轴方向。

（2）调用"偏移"命令，将直线 A_1B_1、A_1C_1、C_1D_1 向外偏移 20，如图 7-58（a）所示，得 EF、E_1H_1、HG，再编辑成矩形，创建成面域。

（3）调用"拉伸"命令，给定高度 20，拉伸成长方体。

5. 对齐

绘制辅助线 BD。

采用下述任一种方法调用"三维对齐"命令：

> 常用选项卡：［修改］🖺
>
> 命令窗口：3DALIGN↙

AutoCAD 提示：

命令：_3dalign

选择对象：**选择面板**。找到 1 个

选择对象：↙

指定源平面和方向 ...

指定基点或［复制（C）］：**选择 FG 中点**

指定第二个点或［继续（C）］＜C＞：**选择 E 点**

指定第三个点或［继续（C）］＜C＞：**选择 G 点**

指定目标平面和方向 ...

指定第一个目标点:**选择 BD 中点**

指定第二个目标点或[退出(X)]＜X＞:**选择 A 点**

指定第三个目标点或[退出(X)]＜X＞:**选择 D 点**

结果如图 7-59 所示。

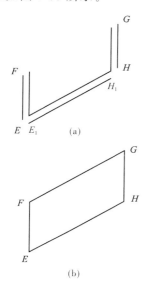

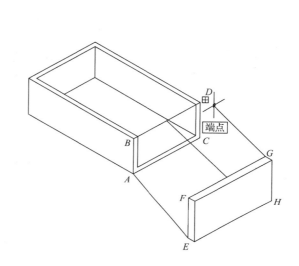

图 7-58 制作抽屉面板

图 7-59 对齐面

6. 布尔运算

删除辅助线 BD。单击"实体编辑"面板上的"并集"按钮,调用"并集"命令,选择抽壳体和面板,合并成一个实体。

7. 着色边

AutoCAD 可以改变实体边的颜色,这样为在线框模式和消隐模式下编辑实体时区分不同面上的线提供了方便。调用命令的方法如下:

常用选项卡:[实体编辑] 🔡🔲

命令窗口:SOLIDEDIT✓[边][着色]

执行结果同着色面。

提示、注意、技巧

"三维对齐"命令可以实现在二维和三维空间将对象与其他对象对齐。

(1)如果只指定了一点对齐,则把源对象从第一个源点移动到第一个目标点。

(2)如果指定两个对齐点,则相当于移动、缩放。

(3)当指定三个对齐点时,命令结束后,三个源点定义的平面将与三个目标点定义的平面重合,并且第一个源点要移动到第一个目标点的位置。

7.13 编辑实体——压印、3D 阵列、3D 镜像、3D 旋转

任务：创建图 7-60(a)、图 7-60(b)所示实体，并将其旋转成图 7-60(c)所示方向。

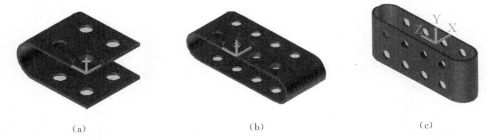

(a)   (b)   (c)

图 7-60   环形孔板

目的：通过绘制此图形，学习"压印""3D 阵列""3D 镜像""3D 旋转"命令的使用。

绘图步骤分解：

1.创建 U 形板

(1)将视图调整到主视图方向，绘制如图 7-61 所示的断面形状。

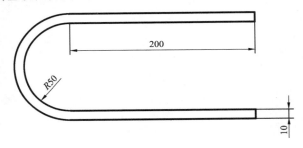

图 7-61   平面图形

(2)按长度 200 拉伸成实体。

2.3D 阵列对象

(1)绘制表面圆

调整 UCS 至上表面，方向如图 7-62 所示。调用"圆"命令，以(50,50)为圆心、20 为半径绘制圆。

(2)阵列对象

采用下述任一种方法调用"矩形阵列"命令：

常用选项卡:[修改]
命令窗口:ARRAYRECT ✓

AutoCAD 提示：

命令：_arrayrect

选择对象：**选择圆**。找到 1 个

选择对象：✓

类型 ＝ 矩形　关联 ＝ 是

选择夹点以编辑阵列或［关联（AS）/基点（B）/计数（COU）/间距（S）/列数（COL）/行数（R）/层数（L）/退出（X）］＜退出＞：**COL** ✓　　　　//也可以直接用鼠标点击选择，以下相同

输入列数数或［表达式（E）］＜4＞：**2** ✓

指定 列数 之间的距离或［总计（T）/表达式（E）］＜4372.3906＞：**100** ✓

选择夹点以编辑阵列或［关联（AS）/基点（B）/计数（COU）/间距（S）/列数（COL）/行数（R）/层数（L）/退出（X）］＜退出＞：**R** ✓

输入行数数或［表达式（E）］＜3＞：**2** ✓

指定 行数 之间的距离或［总计（T）/表达式（E）］＜4372.3906＞：**100** ✓

指定 行数 之间的标高增量或［表达式（E）］＜0.0000＞：✓

选择夹点以编辑阵列或［关联（AS）/基点（B）/计数（COU）/间距（S）/列数（COL）/行数（R）/层数（L）/退出（X）］＜退出＞：**L** ✓

输入层数或［表达式（E）］＜1＞：**2** ✓

指定 层 之间的距离或［总计（T）/表达式（E）］＜1.0000＞：**－110** ✓

选择夹点以编辑阵列或［关联（AS）/基点（B）/计数（COU）/间距（S）/列数（COL）/行数（R）/层数（L）/退出（X）］＜退出＞：✓

结果如图 7-63 所示。

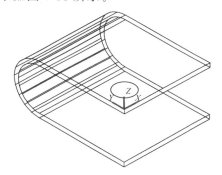

图 7-62　绘制表面圆

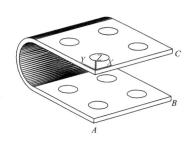

图 7-63　阵列圆

3.压印

采用下述任一种方法调用"压印"命令：

常用选项卡:［实体编辑］
实体选项卡:［实体编辑］［压印］

AutoCAD 提示：

命令：_imprint

选择三维实体或曲面:**选择实体**

选择要压印的对象:**选择一个圆**

是否删除源对象 ［是（Y）/否（N）］＜N＞:**Y** ✓

选择要压印的对象:**选择另一个圆**

是否删除源对象 ［是（Y）/否（N）］＜N＞:✓

……

逐个选择各个圆,回车结束命令,完成 8 个圆的压印,结果如图 7-63 所示。

4. 拉伸面

调用"实体编辑"面板上的"拉伸面"命令,选择各个圆内的表面,以－10 的高度拉伸表面,得到 8 个通孔,结果如图 7-60(a)所示。

5. 3D 镜像

采用下述任一种方法调用"三维镜像"命令:

> 常用选项卡:[修改]　　
> 命令窗口:MIRROR3D↙

AutoCAD 提示:

命令:_mirror3d

选择对象:**选择实体**。找到 1 个

选择对象:↙

指定镜像平面(三点)的第一个点或[对象(O)/最近的(L)/Z 轴(Z)/视图(V)/XY 平面(XY)/YZ 平面(YZ)/ZX 平面(ZX)/三点(3)]＜三点＞:**选择端面点 A**　　//参照图 7-63 操作

　　在镜像平面上指定第二点:**选择端面点 B**

　　在镜像平面上指定第三点:**选择端面点 C**

　　是否删除源对象?[是(Y)/否(N)]＜否＞:↙　　//选择默认值

　　结果如图 7-64 所示。

6. 布尔运算

调用"实体编辑"面板上的"并集"命令,选择两个实体,完成图形如图 7-60(b)所示。

7. 3D 旋转

采用下述任一种方法调用"三维旋转"命令:

> 常用选项卡:[修改]　　
> 命令窗口:3DROTATE↙

AutoCAD 提示:

命令:_3drotate

当前正角方向:ANGDIR＝逆时针 ANGBASE＝0

选择对象:找到 1 个

选择对象:↙

指定基点:**选择图 7-64 所示 U 形板上用户坐标系原点**

拾取旋转轴:**光标悬停在红色椭圆上,椭圆变成黄色后回车**　　//如图 7-65 所示

指定角的起点或键入角度:**90**↙

旋转后结果如图 7-60(c)所示。

图 7-64　镜像

图 7-65　三维旋转

补充知识

1. 三维旋转

(1)在执行"三维旋转"命令后,光标样式变为旋转夹点工具,如图 7-66 所示。旋转夹点工具由三个不同颜色的椭圆组成,椭圆的颜色分别与 UCS 坐标轴的颜色相对应,红色椭圆代表 X 轴,绿色椭圆代表 Y 轴,蓝色椭圆代表 Z 轴。

指定基点后,旋转夹点工具就固定在基点上,当光标悬停在某个椭圆上时,该椭圆会变成黄色,回车表示选定该方向(平行于 X 轴或 Y 轴、Z 轴)为旋转轴。从旋转轴的正向向负向看,正角度值使对象绕轴逆时针方向旋转,负角度值使对象绕轴顺时针方向旋转。

(2)"三维旋转"命令默认只能绕平行于 UCS 坐标轴的轴线旋转,当旋转轴不平行于 UCS 坐标轴时,必须首先通过新建 UCS 命令把 UCS 对齐到旋转轴上,才能使用"三维旋转"命令。"ROTATE3D"命令也是"三维旋转"命令(后面学习),且不要求旋转轴平行于 UCS 坐标轴。

2. 三维阵列

(1)矩形阵列

同平面图形阵列一样,如果是矩形阵列,则行表示沿 Y 轴方向,列表示沿 X 轴方向,层表示沿 Z 轴方向。

(2)环形阵列

创建如图 7-67 所示的实体,输入"三维阵列"命令,操作如下:

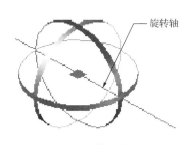
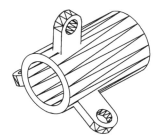

图 7-66　旋转夹点工具　　　　　　　图 7-67　环形阵列

命令:**3DARRAY**↙

选择对象:**选择小耳板。找到 1 个**

选择对象:↙

输入阵列类型[矩形(R)/环形(P)]<矩形>:**P**↙

输入阵列中的项目数目:**3**↙

指定要填充的角度(+=逆时针,-=顺时针)<360>:↙

旋转阵列对象?[是(Y)/否(N)]<是>:**Y**↙

指定阵列的中心点:**选择圆筒端面中心**

指定旋转轴上的第二点:**选择圆筒另一端面中心**

3. 压印

通过压印圆弧、圆、直线、二维和三维多段线、椭圆、样条曲线、面域和三维实体来创建三维实体的新面。可以删除原始压印对象,也可保留下来以供将来编辑使用。压印对象必须与选定实体上的面相交,这样才能压印成功。

7.14 编辑实体——分割、清除、检查实体

任务:将图7-68(a)所示的实体进行分割;将图7-69(a)所示实体多余的三个圆弧形压印删除。

目的:学习"分割"、"清除"和"检查"命令的使用。

绘图步骤分解:

1.分割

可以将布尔运算所创建的组合实体分割成单个实体。如图7-68(a)所示的实体经"差集"运算后,得到四块连在一起的三角形的实体块,如图7-68(b)所示。要想使其分开,则要调用"分割"命令。

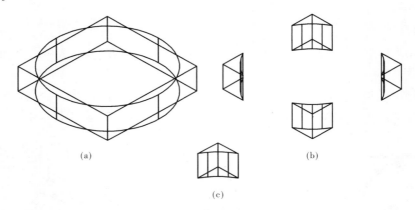

(a)   (b)

(c)

图7-68 分割

采用下述任一种方法调用"分割"命令:

常用选项卡:[实体编辑]⑪⑪
实体选项卡:[实体编辑][分割]

AutoCAD 提示:

命令:_solidedit

实体编辑自动检查:SOLIDCHECK=1

输入实体编辑选项[面(F)/边(E)/体(B)/放弃(U)/退出(X)]<退出>:_body

输入体编辑选项[压印(I)/分割实体(P)/抽壳(S)/清除(L)/检查(C)/放弃(U)/退出(X)]<退出>:_separate

选择三维实体:**在任意一个三角形块上单击**

按 Esc 键结束命令,删除三个块,结果如图7-68(c)所示。

2.清除

AutoCAD 将检查实体对象的体、面或边,并且合并共享相同曲面的相邻面。三维实体对象上所有多余的、压印的以及未使用的边都将被删除。如图7-69(a)所示的实体,多余的三个圆弧形压印要通过"清除"命令删除。

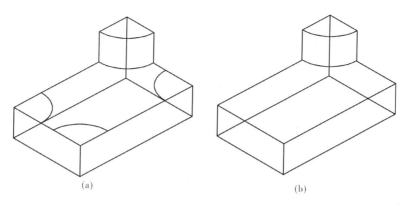

(a)　　　　　　　　　　　　　　　(b)

图 7-69　清除

采用下述任一种方法调用"清除"命令：

| 常用选项卡：[实体编辑] |
| 实体选项卡：[实体编辑][清除] |

AutoCAD 提示：

命令：_solidedit

实体编辑自动检查：SOLIDCHECK＝1

输入实体编辑选项[面(F)/边(E)/体(B)/放弃(U)/退出(X)]＜退出＞：_body

输入体编辑选项[压印(I)/分割实体(P)/抽壳(S)/清除(L)/检查(C)/放弃(U)/退出(X)]＜退出＞：_clean

选择三维实体：**在实体上单击**

按 Esc 键结束命令，结果如图 7-69(b)所示。

3. 检查三维实体

验证三维实体对象是否为有效的 ShapeManager 实体，可调用"检查"命令，方法如下：

| 常用选项卡：[实体编辑] |
| 实体选项卡：[实体编辑][检查] |

7.15　实体编辑综合训练

任务：创建如图 7-70(b)所示实体模型。

目的：通过绘制此图形，掌握创建复杂实体模型的方法。

绘图步骤分解：

1. 新建文件

新建一张图，设置"实体"层和"辅助线"层，并将"实体"层设置为当前层。将视图方向调整到"东南等轴测"方向。

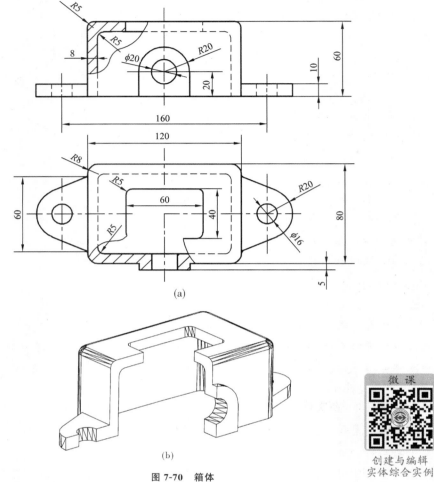

(a)

(b)

图 7-70   箱体

微课

创建与编辑
实体综合实例

2. 创建长方体

调用"长方体"命令,绘制长 120、宽 80、高 60 的长方体。

3. 圆角

单击"修改"面板上的"圆角"按钮,调用"圆角"命令,以 8 为半径,对四条垂直棱边倒圆角。
结果如图 7-71 所示。

4. 创建内腔

(1) 抽壳

在"实体"选项卡中,单击"实体编辑"面板上的"抽壳"按钮,调用"抽壳"命令,AutoCAD
提示:

命令:_solidedit

实体编辑自动检查:SOLIDCHECK＝1

输入实体编辑选项［面(F)/边(E)/体(B)/放弃(U)/退出(X)］＜退出＞:_body

输入体编辑选项［压印(I)/分割实体(P)/抽壳(S)/清除(L)/检查(C)/放弃(U)/退出
(X)］＜退出＞:_shell

选择三维实体:**在三维实体上单击**

删除面或［放弃(U)/添加(A)/全部(ALL)］:**选择上表面。找到 1 个面,已删除 1 个**

删除面或[放弃(U)/添加(A)/全部(ALL)]: ↙
输入抽壳偏移距离: **8** ↙
已开始实体校验。
已完成实体校验。
结果如图 7-72 所示。

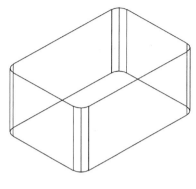

图 7-71 倒圆角长方体　　　　　　　　　　图 7-72 抽壳

(2)圆内角

单击"修改"面板上的"圆角"按钮,调用"圆角"命令,以 5 为半径,对内表面的四条垂直棱边倒圆角。

5. 创建耳板

(1)绘制耳板端面

将坐标系调至上表面,按如图 7-70(a)所示尺寸绘制耳板端面图形,并将其生成面域,然后用外面的大面域减去圆形小面域,结果如图 7-73 所示。

(2)拉伸耳板

单击"建模"面板上的"拉伸"按钮,调用"拉伸"命令,AutoCAD 提示:

命令: _extrude
当前线框密度: ISOLINES＝4
选择要拉伸的对象:**选择面域**。找到 1 个
选择要拉伸的对象: ↙
指定拉伸高度或[方向(D)/路径(P)/倾斜角(T)]: **—10** ↙
结果如图 7-74 所示。

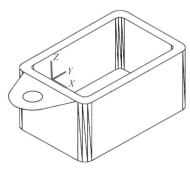
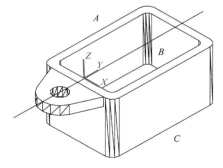

图 7-73 耳板端面　　　　　　　　　　图 7-74 拉伸耳板

（3）镜像另一侧耳板

单击"修改"面板上"三维镜像"按钮，调用"三维镜像"命令，AutoCAD 提示：

命令：_mirror3d

选择对象：**选择耳板**。找到 1 个

选择对象：↙

指定镜像平面（三点）的第一个点或［对象（O）/最近的（L）/Z 轴（Z）/视图（V）/XY 平面（XY）/YZ 平面（YZ）/ZX 平面（ZX）/三点（3）］＜三点＞：**选择中点 A**

在镜像平面上指定第二点：**选择中点 B**

在镜像平面上指定第三点：**选择中点 C**

是否删除源对象？［是（Y）/否（N）］＜否＞：**N** ↙

结果如图 7-75 所示。

（4）布尔运算

单击"实体编辑"面板上的"并集"按钮，调用"并集"命令，将两个耳板和一个壳体合并成一个。

6. 旋转

调用"三维旋转"命令，AutoCAD 提示：

命令：_3drotate

当前的正向角度：ANGDIR＝逆时针　　ANGBASE＝0

选择对象：**选择实体**。找到 1 个

选择对象：↙

指定基点：**选择用户坐标系原点**

拾取旋转轴：**光标悬停在红色椭圆上，椭圆变成黄色，出现红色的轴线后单击鼠标左键或回车**

指定角的起点或键入角度：**180**↙

结果如图 7-76 所示。

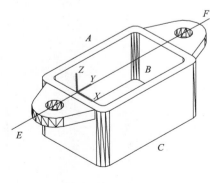

图 7-75　镜像耳板

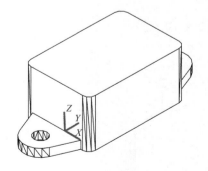

图 7-76　旋转箱体

7.创建箱体顶盖方孔

(1)绘制方孔图线

调用"矩形"命令,绘制长 60、宽 40、圆角半径为 5 的矩形,用直线连接边的中点 M、N。结果如图 7-77(a)所示。

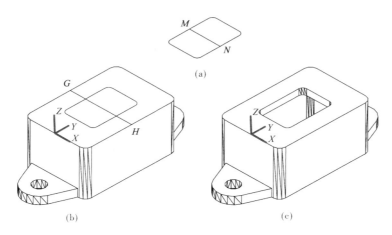

图 7-77　创建顶面方孔

(2)移动矩形线框

连接箱盖顶面长边棱线中点 G、H,绘制辅助线 GH。再调用"移动"命令,以 MN 的中点为基点,移动矩形线框至箱盖顶面,目标点为 GH 的中点。

(3)压印

单击"实体编辑"面板上的"压印"按钮,调用"压印"命令,AutoCAD 提示:

命令:_imprint

选择三维实体:**选择实体**

选择要压印的对象:**选择矩形线框**

是否删除源对象[是(Y)/否(N)]<N>:**Y** ↙

选择要压印的对象:↙

结果如图 7-77(b)所示。

(4)拉伸面

单击"实体编辑"面板上的"拉伸面"按钮,调用"拉伸面"命令,AutoCAD 提示:

命令:_solidedit

实体编辑自动检查:SOLIDCHECK=1

输入实体编辑选项[面(F)/边(E)/体(B)/放弃(U)/退出(X)]<退出>:_face

输入面编辑选项[拉伸(E)/移动(M)/旋转(R)/偏移(O)/倾斜(T)/删除(D)/复制(C)/颜色(L)/材质(A)/放弃(U)/退出(X)]<退出>:_extrude

选择面或[放弃(U)/删除(R)]:**在压印面上单击。找到 1 个面**

选择面或[放弃(U)/删除(R)/全部(ALL)]:↙

指定拉伸高度或[路径(P)]:**—8** ↙

指定拉伸的倾斜角度＜0＞：↙

已开始实体校验。

已完成实体校验。

结果如图 7-77(c)所示。

8.创建前表面凸台

(1)创建面域

按图 7-70(a)所示尺寸绘制凸台轮廓线,创建面域,再将面域压印到实体上,结果如图 7-78(a)所示。

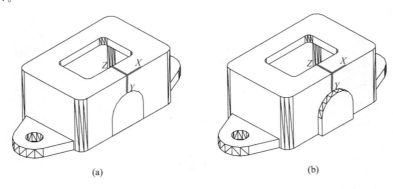

(a)　　　　　　　　　　　　　(b)

图 7-78　创建凸台

(2)拉伸面

调用"拉伸面"命令,选择凸台压印面拉伸,高度为 5,拉伸的倾斜角度为 0。结果如图 7-78(b)所示。

(3)创建圆孔

在凸台前表面上绘制直径为 20 的圆,压印到箱体上,然后以－13 的高度拉伸,创建出凸台通孔。

9.倒顶面圆角

将视图方式调整到线框模式,调用"圆角"命令,AutoCAD 提示:

命令:_fillet

当前设置:模式 = 修剪,半径 = 5.0000

选择第一个对象或[放弃(U)/多段线(P)/半径(R)/修剪(T)/多个(M)]:**选择上表面的一个棱边**

输入圆角半径或[表达式(E)]＜5.0000＞:**5** ↙

选择边或[链(C)/环(L)/半径(R)]:**C** ↙

选择边链或[边(E)/半径(R)]:**选择上表面的另一个棱边**

选择边链或[边(E)/半径(R)]:**选择内表面的一个棱边**　　//如图 7-79(a)所示

选择边链或[边(E)/半径(R)]:↙

已选定 16 个边用于圆角。

结果如图 7-79(b)所示。

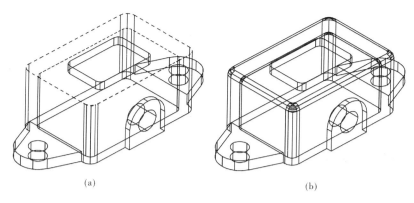

(a)　　　　　　　　　(b)

图 7-79　倒顶面圆角

10. 剖切

(1)剖切实体成前后两部分

将坐标系移动到箱体顶盖方孔的中心,然后单击"实体编辑"面板上的"剖切"按钮,AutoCAD 提示:

命令:_slice

选择要剖切的对象:**选择实体**。找到 1 个

选择要剖切的对象:↙

指定切面的起点或[平面对象(O)/曲面(S)/Z 轴(Z)/视图(V)/XY(XY)/YZ(YZ)/ZX(ZX)/三点(3)]<三点>:**XY** ↙

指定 XY 平面上的点 <0,0,0>:**选择左侧耳板底部圆弧中点**

在所需的侧面上指定点或[保留两个侧面(B)]<保留两个侧面>:↙

结果如图 7-80(a)所示。

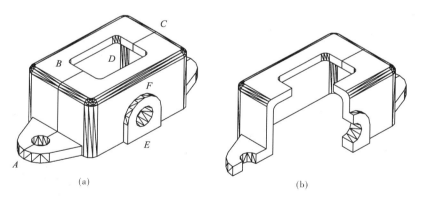

(a)　　　　　　　　　(b)

图 7-80　剖切

(2)剖切前半个实体

调用"剖切"命令,AutoCAD 提示:

命令:_slice

选择对象:**选择前半个箱体**。找到 1 个

选择对象:↙

指定切面的起点或[平面对象(O)/曲面(S)/Z 轴(Z)/视图(V)/XY(XY)/YZ(YZ)/ZX(ZX)/三点(3)]<三点>:**YZ** ↙

指定 YZ 平面上的点 <0,0,0>:↙

在所需的侧面上指定点或[保留两个侧面(B)]<保留两个侧面>：**在右侧单击**

结果如图 7-80(b)所示。

(3)合并实体

单击"实体编辑"面板上的"并集"按钮，将剖切后的实体合并成一个。结果如图 7-70(b)所示。

习 题

按尺寸绘制图 7-81～图 7-83 所示的图形。

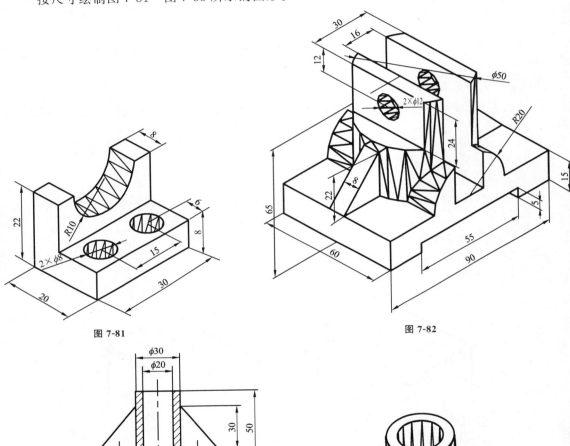

图 7-81   图 7-82

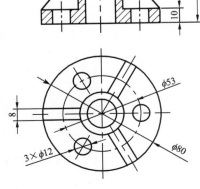

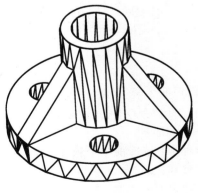

图 7-83

第**8**章
图形的打印和输出

本章要点：

　　图形输出是绘图工作的最后一步，可以用绘图仪或打印机输出。本章主要介绍在模型与图纸空间中如何进行打印设置，输出图形的方法。

思政导读：

　　北宋科学家苏颂编写了《新仪象法要》一书。该书详细介绍了浑仪、浑象和水运仪象台的设计和制作情况。尤其重要的是，这部书还附有这三种天文仪器的全图、分图、详图 60 多幅，图中绘有机械零件 150 多种。这是一套我国现存最早的十分珍贵的机械设计图纸。我国自古就是机械大国，而在 2020 年，全球机械贸易总额达到 10500 亿欧元，其中中国以 1650 亿欧元的出口额，在全球市场上占据了 15.8% 的份额，一跃成为世界第一。要知道，在过去我国可是连德国的零头都赶不上，不过经过了多年的努力奋斗，我国终于超越了德国，成为全球机械出口冠军，对于这一成绩，我国取得的当之无愧，因为中国目前还在伟大复兴的道路上，奇迹与佳绩将会越来越多地展现给世界。

8.1　创建打印布局

　　布局是一种图纸空间环境，它模拟图纸页面，提供直观的打印设置。在布局中可以创建并放置视口对象，还可以添加标题栏或其他几何图形。可以在图形中创建多个布局，以显示不同视图，每个布局可以包含不同的打印比例和图纸尺寸。布局显示的图形与图纸页面上打印出来的图形完全一样。

一、模型空间与图纸空间

　　前面各个章节中大多数的工作及内容都是在"AutoCAD 经典"操作界面的模型空间和"三维建模"空间中进行的，模型空间是一个三维空间，主要用于平面图形的绘制和几何模型的构建。而在对图形进行打印输出时，则通常可以在图纸空间中完成（在模型空间中也能完成）。图纸空间就像一张图纸，打印之前可以在上面排放图形。图纸空间用于创建最终的打印布局，一般不用于绘图或设计工作。

　　在 AutoCAD 中，图纸空间是以布局的形式来使用的。一个图形文件可包含多个布局，每个布局代表一张单独的打印输出图纸。在绘图区域底部选择"布局"选项卡，就能查看相应的布局。选择"布局"选项卡，就可以进入相应的图纸空间环境，如图 8-1 所示。

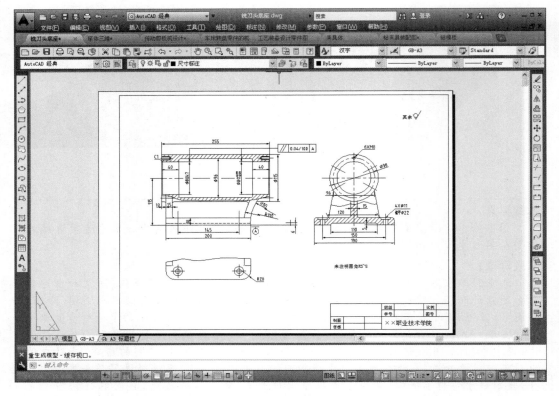

图 8-1   图纸空间

在图纸空间中,用户可随时选择"模型"选项卡(或在命令窗口输入 MODEL 命令)来返回模型空间,也可以在当前布局中创建浮动视口来访问模型空间。浮动视口相当于模型空间中的视图对象,用户可以在浮动视口中处理模型空间的对象。在模型空间中的所有修改都将反映到所有图纸空间视口中。

二、创建布局

我们在建立新图形的时候,AutoCAD 会自动建立一个"模型"选项卡和两个"布局"选项卡。其中,"模型"选项卡用来在模型空间中建立和编辑二维图形和三维模型,该选项卡不能删除,也不能重命名;"布局"选项卡用来打印图形的图纸,其个数没有限制,且可以重命名。创建布局有四种方法:新建布局、利用样板、利用向导、利用工具菜单。

1. 新建布局

在"布局"选项卡上单击鼠标右键,在弹出的快捷菜单中选择"新建布局"选项,系统会自动添加"布局 3"的布局。

2. 利用样板

利用样板创建新的布局,操作如下:

(1)在下拉菜单中选择[插入][布局][来自样板的布局]选项,系统弹出如图 8-2 所示的"从文件选择样板"对话框,在该对话框中选择适当的图形文件样板,单击"打开"按钮。

(2)系统弹出如图 8-3 所示的"插入布局"对话框,单击"确定"按钮,插入该布局。

图 8-2 "从文件选择样板"对话框

图 8-3 "插入布局"对话框

3. 利用向导

(1)在下拉菜单中选择［插入］［布局］［创建布局向导］，系统弹出如图 8-4 所示的对话框，在对话框中输入新布局名称，单击"下一步"按钮。

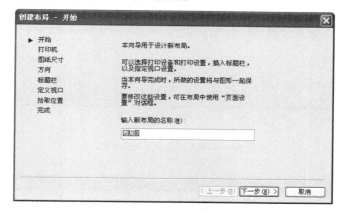

图 8-4 利用创建布局向导创建布局之一

(2)在弹出的对话框(图 8-5)中，选择打印机，单击"下一步"按钮，弹出如图 8-6 所示对话框，在此对话框中选择图纸尺寸、图形单位，单击"下一步"按钮。在弹出的对话框(图 8-7)中，指定打印方向，并单击"下一步"按钮。

(3)在弹出的对话框(图 8-8)中选择标题栏，单击"下一步"按钮。

(4)在弹出的对话框(图 8-9)中，定义打印的视口与视口比例，单击"下一步"按钮，并指定视口配置的角点，如图 8-10 所示，单击"下一步"按钮，完成创建布局，如图 8-11 所示。

4. 利用工具菜单

在下拉菜单中选择［工具］［向导］［创建布局］选项，接下来的步骤、方法同上。

图 8-5   利用布局向导创建布局之二

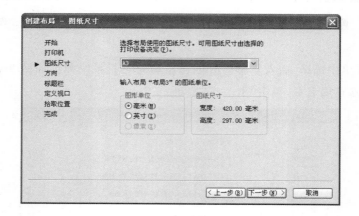

图 8-6   利用布局向导创建布局之三

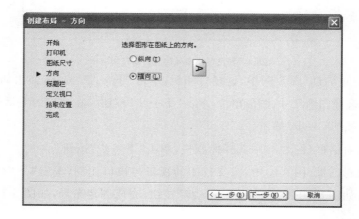

图 8-7   利用布局向导创建布局之四

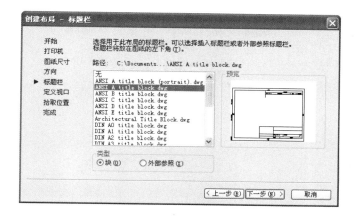

图 8-8 利用布局向导创建布局之五

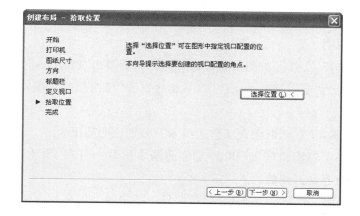

图 8-9 利用布局向导创建布局之六

图 8-10 利用布局向导创建布局之七

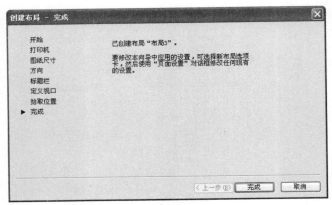

图 8-11　利用布局向导创建布局之八

8.2　打印机管理

　　在 AutoCAD 中进行打印之前,必须先完成打印设备的配置。AutoCAD 允许使用的打印设备有两种:一是 Windows 的系统打印机;二是 Autodesk 打印及管理器中所推荐的绘图仪。

　　1.添加打印机

　　为了使 AutoCAD 能够使用现有的设备进行输出,有必要将该设备添加到 AutoCAD 中。此项工作可以使用系统自带的添加打印机向导来完成,步骤简述如下:

　　在下拉菜单中选择[工具][向导][添加绘图仪]选项,在弹出的对话框中,单击"下一步"按钮,系统弹出"添加绘图仪-开始"对话框,选择"系统打印机"选项,单击"下一步"按钮,并选择一种系统打印机,余下的步骤按照提示完成。

　　2.编辑打印机配置

　　完成添加打印机以后,要对它进行配置,使之更好地满足打印的要求。下面对打印机配置的过程进行简单的说明。

　　在下拉菜单中选择[文件][绘图仪管理器]选项,系统弹出"Plotters"窗口,如图8-12所示,从中双击上一步创建的"绘图仪配置文件"。系统将打开"绘图仪配置编辑器"对话框,如图 8-13 所示。

　　"绘图仪配置编辑器"对话框包含三个选项卡。分别说明如下:

　　(1)常规:包含关于打印机配置(PC3)文件的基本信息。可在"说明"区域添加或修改信息。选项卡的其余内容是只读的。

　　绘图仪配置文件名:显示在"添加绘图仪"向导中指定的文件名。说明:显示有关打印机的信息。驱动程序信息:位置、端口、版本。

　　(2)端口:更改配置的打印机与用户计算机或网络系统之间的通信设置。可以指定通过端口打印、打印到文件或使用后台打印。

　　(3)设备和文档设置:包含打印选项。

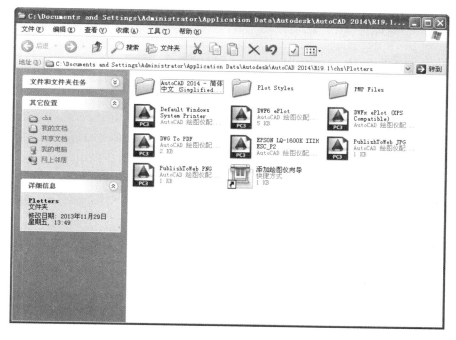

图 8-12　"Plotters"窗口

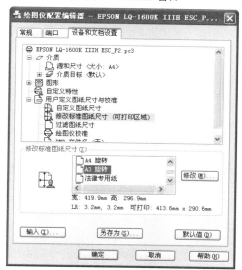

图 8-13　"绘图仪配置编辑器"对话框

在"设备和文档设置"选项卡中,可以修改打印配置(PC3)文件的多项设置,该选项卡中包含下列四个区域:

①介质:指定纸张来源、尺寸、类型和目标。

②图形:指定打印矢量图形、光栅图形和 TrueType 字体的设置。

③自定义特性:设置纸张规格、方向等。

④用户定义图纸尺寸与校准:将打印模型参数(PMP)文件附着到 PC3 文件中,校准绘图仪,添加、删除或修正自定义的以及标准的图纸尺寸。

8.3   页面设置

在 AutoCAD 中，图形在打印之前需要指定许多定义图形输出的设置和选项，这些设置可以保存并命名一个页面设置，可以使用页面设置管理器将这个命名页面设置应用到多个布局，也可以从其他图形中输入命名页面设置并将其应用到当前图形的布局中。

1. 页面设置管理器

在下拉菜单中选择[文件][页面设置管理器]选项，系统弹出如图 8-14 所示的"页面设置管理器"对话框。

(1) 新建

单击"新建"按钮，可以新建并命名一个页面设置，如图 8-15 所示为"新建页面设置"对话框。

图 8-14   "页面设置管理器"对话框

图 8-15   "新建页面设置"对话框

(2) 页面设置

在如图 8-15 所示的"新建页面设置"对话框中输入一个新页面设置名并确定后，弹出如图 8-16 所示的"页面设置"对话框。

2. 编辑页面设置

"页面设置"对话框包含 10 个选项区，分别说明如下：

(1) "页面设置"选项区：显示名称(不能修改)。

(2) "打印机/绘图仪"选项区：在"名称"下拉列表中选取一个 PC3 文件。"特性"按钮用于打开"绘图仪配置编辑器"对话框，从中可以进行相应的设置及修改，在 8.2 节中已有讲解。

(3) "图纸尺寸"选项区：显示 PC3 文件中所指定的图幅规格，也可以自行调换。

(4) "打印区域"选项区：指定要打印的区域，可选择以下不同定义中的一种：

① "图形界限"：控制系统打印当前层或由绘图界限所定义的绘图区域。如果当前视点并不处于平面视图状态，系统将作为"范围"选项处理。当前图形在图纸空间时，对话框中显示

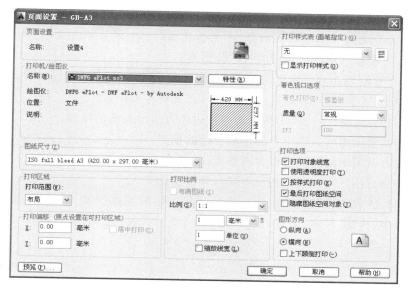

图 8-16　"页面设置"对话框

"布局"按钮,当前图形在模型空间时,对话框显示"图形界限"按钮。

②"窗口":打印由用户指定的区域内的图形。用户可单击"窗口"按钮返回绘图区来指定打印区域的两个角点。

③"显示":打印"模型"选项卡中当前视口中的视图或"布局"选项卡中的当前图纸空间视图。

④"范围":用于打印当前绘图空间内所有包含实体的部分(已冻结图层除外)。

⑤"布局":打印当前"布局"选项卡中显示的图形。

(5)"打印偏移"选项区:指定相对于可打印区域左下角的偏移量。如选择"居中打印",则自动计算偏移值,以便居中打印。

(6)"打印比例"选项区:选择或定义打印单位(毫米)与图形单位之间的比例关系。如果选择了"缩放线宽"选项,则线宽的缩放比例与打印比例成正比。

(7)"打印选项"选项区:选择各选项可具有如下作用(通常选取"按样式打印"选项):

①"打印对象线宽":打印对象时区分线宽。

②"使用透明度打印":按照已经对图线进行了透明度设置的样式打印,这样输出的图可以让一些设置了透明度的线变成淡显。

③"按样式打印":按照对象使用的和打印样式表中定义的打印样式进行打印。

④"最后打印图纸空间":先打印模型空间的几何图形,然后再打印图纸空间的几何图形。

⑤"隐藏图纸空间对象":打印在布局环境(图纸空间)中删除了对象隐藏线的布局。

(8)"着色视口选项"选项区:指定着色和渲染视口的打印方式,并确定它们的分辨率大小和 DPI 值(常选默认值)。

①"着色打印":使用着色打印可以在 AutoCAD 中打印着色三维图像或渲染三维图像,下面介绍其中的六个选项:

● "按显示":按对象在屏幕上的显示打印。

● "线框":在线框中打印对象,不考虑其在屏幕上的显示方式。

● "消隐":打印对象时消除隐藏线,不考虑其在屏幕上的显示方式。

● "渲染":按渲染的方式打印对象,不考虑其在屏幕上的显示方式。

- "三维隐藏"：以彩色隐藏线方式打印对象,不考虑其在屏幕上的显示方式。
- "三维线框"：按线框方式打印对象,不考虑其在屏幕上的显示方式。

②"质量"：指定着色和渲染视口的打印分辨率。

③"DPI"：指定渲染和着色视图每英寸的点数,最大可为当前打印设备分辨率的最大值。只有在"质量"列表框中选择了"自定义"选项后,此选项才可用。

(9)"图形方向"选项区：选择用图纸的哪条边作为图形页面的顶部。

①"纵向"：表示用图纸的短边作为图形页面的顶部。

②"横向"：表示用图纸的长边作为图形页面的顶部。

③"上下颠倒打印"：用于进行相反方向打印输出的开关。

(10)"打印样式表"选项区：可以将打印样式指定给对象或图层。打印样式控制对象的打印特性,包括颜色、抖动、灰度、笔号、虚拟笔、淡显、线型、线宽、线条端点样式、线条连接样式、填充样式。

8.4 从模型空间打印图形实例

本节以"铣刀头底座"零件图为例,学习打印设置、输出图形的过程,以 1∶2 输出。

1. 设置标注样式并标注

(1) 标注样式设置

打开"铣刀头底座.dwg",按机械制图标准创建一个新样式。其中"标注特征比例"设为 2。

(2) 标注

用上面建立的标注样式或"替代样式"进行标注。

2. 绘图仪管理器设置

(1) 在模型空间插入一个符合国家标准的 A3 图框及标题栏,放大 2 倍,将图形与图框的相对位置确定好。

(2) 在下拉菜单中选择［文件］［绘图仪管理器］选项,系统弹出"Plotters"对话框,如图8-12 所示。

①双击"添加绘图仪向导"图标。

②单击"下一步"按钮并选取"系统打印机"选项。

③单击"下一步"按钮并选取一种系统打印机,如"EPSON LQ-1600K III"。

④单击"下一步"按钮后给出绘图仪的名称"EPSON LQ-1600K IIIH ESC_P2"。

⑤单击"下一步"按钮并单击"编辑绘图仪配置"按钮,选取"修改标准图纸尺寸(可打印区域)",在下面的列表中选取"A3",如图 8-17 所示。

⑥单击"修改"按钮并将上、下、左、右文本框内均修改为 0,如图 8-18 所示。

⑦确定 PMP 文件名,如图 8-19 所示,单击"下一步"按钮后退出对话框,完成设置。

3. 页面设置管理器

在下拉菜单中选择［文件］［页面设置管理器］选项,在弹出的对话框中进行如下设置,以达到在 3 号图纸中以1∶2比例输出图形的目的。

图 8-17　绘图仪配置编辑器

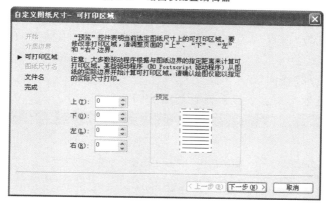

图 8-18　可打印区域

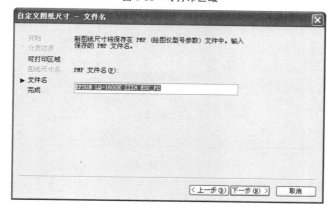

图 8-19　确定 PMP 文件名

（1）单击"新建"按钮，在弹出的对话框中的"新页面设置名"文本框中输入"GB-A3"后单击"确定"按钮，如图 8-20 所示。

（2）在"打印机/绘图仪"选项区的"名称"下拉列表中选择"EPSON LQ-1600K IIIH ESC_P2"。

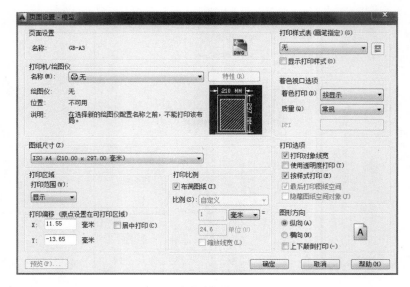

图 8-20   "页面设置"对话框

（3）"图纸尺寸"设置为"A3"。

（4）"打印范围"选取"窗口"，系统自动进入到绘图界面中，用捕捉功能捕捉 A3 图框的对角点即可。

（5）"图形方向"选取"横向"。

（6）"打印比例"选取"1∶2"。以上设置如图 8-21 所示。

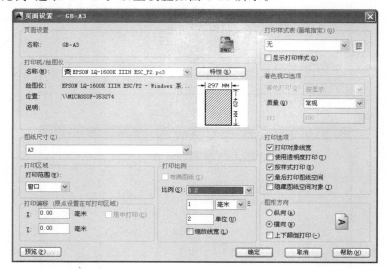

图 8-21   页面设置

（7）单击"确定"按钮并选取"GB-A3"，单击"置为当前"按钮，将这个设置置为当前。接下来单击"关闭"按钮退出"页面设置管理器"。

（8）单击"打印预览"按钮 。

4. 打印输出

用户可以在模型空间或任一布局中调用"打印"命令来打印图形。方法如下：

标准工具栏：🖨

下拉菜单：［文件］［打印］

命令窗口：PLOT↙

快捷键：Ctrl＋P

在模型空间调用该命令后，系统将弹出"打印-模型"对话框，如图 8-22 所示，如果在打印设置一步中工作完全正确，则此时的对话框中不用做任何设置，如果电脑已经与打印机正确连接，单击"确定"按钮便可打印出以 1：2 比例输出的 3 号图纸。

图 8-22　"打印-模型"对话框

8.5　从布局打印图形实例

如前所述，在 AutoCAD 中从模型空间和图纸空间都可以输出图形。在图纸空间环境下可以创建任意数量的布局。在布局中可以包含标题栏、一个或多个视口以及注释。在创建了布局后，通过配置浮动视口观察模型空间的图形。另外，还可为视口中的每一个视图指定不同的比例，并可控制视口中图层的可见性。只要选择绘图区底部的"布局"选项卡，就可以切换到相应的布局中。

默认状态下，当开始一张新图后，AutoCAD 创建两个布局，名称为"布局 1"和"布局 2"。本节借用上一节中使用的"铣刀头底座.dwg"文件，其标注仍有效，删除上一节中在模型空间插入的 A3 号图框。

1. 增加布局

在"布局"选项卡上单击鼠标右键，在弹出的快捷菜单中选取"新建布局"选项，如图 8-23 所示，然后在新建的"布局"选项卡上单击鼠标右键，选择"重命名"选项，将布局的名称修改为"GB-A3 标题栏"。

图 8-23　重命名新建布局

2. 绘图仪管理器设置

在下拉菜单中选择［文件］［绘图仪管理器］选项，系统弹出"Plotters"对话框，双击"添加绘图仪向导"图标，单击"下一步"按钮并选择"系统打印机"选项，单击"下一步"按钮并选取一种系统打印机"EPSON LQ-1600K III"，单击"下一步"按钮后给出绘图仪的名称"EPSON LQ-1600K IIIH ESC_P2"。单击"下一步"按钮并单击"编辑绘图仪配置"按钮，选取"修改标准图纸尺寸（可打印区域）"，参见图 8-17，在其下面的"修改标准图纸尺寸（Z）"列表框中选取"A3"，单击"修改"按钮，将上、下、左、右边界设置为 0。单击"下一步"按钮后确定一个 PMP 文件名，之后单击"下一步"按钮，再单击"完成"按钮完成设置并退出对话框。

3. 页面设置管理器

进入上面刚生成的布局，在下拉菜单中选择［文件］［页面设置管理器］选项，选取名为"GB-A3 标题栏"的布局，单击"修改"按钮，按如图 8-24 所示进行设置，其中与上一节不同的是"打印范围"选取"布局"，"比例"设为"1：1"，单击"确定"按钮退出，并如图 8-25 所示单击"关闭"按钮退出。

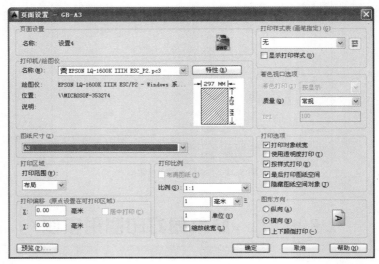

图 8-24　图纸空间的页面设置

图 8-25　"页面设置管理器"对话框

　　在图纸空间中采用夹点方式将视口拉大到图纸以外,双击视口,进入图纸空间的浮动视口,在状态栏的"视口比例" 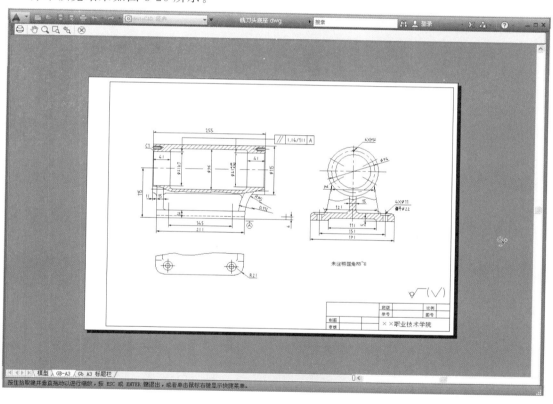 1:1 ▾ 列表中选取 1∶2。用视图平移工具调整图形位置。在 AutoCAD 桌面双击退出图纸空间的浮动视口,回到图纸空间。在图纸空间插入事先以块的形式制作好的 A3 号图框。

提示、注意、技巧

　　双击进入纸空间的浮动视口,在状态栏上单击 ⊠ (注释与视口比例同步工具按钮),此工具按钮可以快速恢复到视口比例所选的比例。

4. 打印输出

打印预览结果如图 8-26 所示。

图 8-26　打印预览结果

习　题

一、选择题

1. 下列选项中,(　　　)决定了图形中对象的尺寸与打印到图纸后的尺寸两者之间的关系。

A. AutoCAD 图形中对象的尺寸　　　　　B. 图纸上打印对象的尺寸

C. 打印比例　　　　　　　　　　　　D. 以上都是

2. AutoCAD 允许在（　　　）模式下打印图形。

A. 模型空间　　　　B. 图纸空间　　　　C. 布局　　　　D. 以上都是

3. 在打开一张新图形时，AutoCAD 创建的默认的布局数是（　　　）。

A. 0　　　　　　　B. 1　　　　　　　C. 2　　　　　　D. 无限制

二、简答题

1. 如何快速创建标准布局图？

2. 将 8.4 节从模型空间打印图形中的 3 号图纸更改为 1 号图纸，在图纸空间中进行打印，要进行哪些修改后打印出的图纸才能符合国家标准？（提示：首先，在新的布局中生成一个一号图幅大小的图纸，其次要通过状态栏 ⬚1:1▾ 按钮列表，设置符合国家标准的比例，再次要修改标注样式并选取相应样式"置为当前"，单击[标注][更新]选项，选取同一类要更新的尺寸标注并单击鼠标右键，使选取的标注变为当前样式标注的尺寸或重新标注。）

参 考 文 献

[1] 孙开元,李长娜. 机械制图新标准解读及画法示例[M]. 3 版. 北京:化学工业出版社,2013.

[2] 张卫东. AutoCAD 2014 简体中文版从入门到精通[M]. 北京:机械工业出版社,2013.

[3] 王晓燕,胡仁喜. AutoCAD 2014 简体中文版三维造型设计实例教程[M]. 北京:机械工业出版社,2013.

[4] 王建华,程绪琦. AutoCAD 2014 标准培训教程[M]. 北京:电子工业出版社,2014.

[5] 马慧. 机械识图一本通[M]. 北京:机械工业出版社,2014.

[6] 孙开元,张晴峰. 机械制图及标准图库[M]. 2 版. 北京:化学工业出版社,2014.

[7] 徐江华,王莹莹,俞大丽. AutoCAD 2014 简体中文版基础教程[M]. 北京:中国青年出版社,2014.

[8] 王春义. AutoCAD 2014 绘图教程[M]. 哈尔滨:哈尔滨工业大学出版社,2016.

[9] 王槐德. 机械制图新旧标准代换教程[M]. 3 版. 北京:中国标准出版社,2017.

[10] 刘哲,高玉芬. 机械制图[M]. 7 版. 大连:大连理工大学出版社,2018.

附 录

附录1 《机械制图》国家标准

一、图纸幅面和格式(参考 GB/T 14689—2008)

(一)图纸的基本幅面

附表 1-1   基本幅面的代号及尺寸   mm

基本幅面代号	A0	A1	A2	A3	A4
尺寸　$B \times L$	841×1 189	594×841	420×594	297×420	210×297

(二)图框格式

图框格式有两种:一种是保留装订边的图框,用于需要装订的图样,见附图 1-1(横装)及附图 1-2(竖装)。当图样需要装订时,一般采用 A3 幅面横装,A4 幅面竖装。

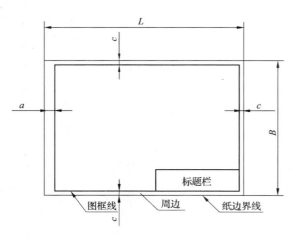

附图 1-1

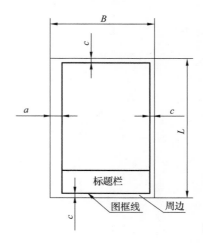

附图 1-2

另外一种是不留装订边的图框格式,用于不需要装订的图样,见附图 1-3 及附图 1-4。

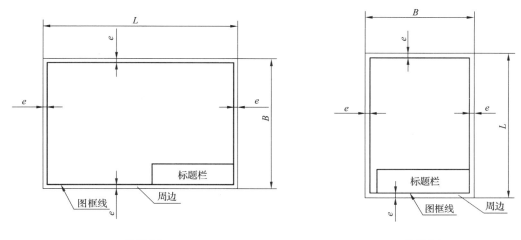

附图 1-3　　　　　　　　　　　　　　　　附图 1-4

图框线用粗实线绘制,表示图幅大小的纸边界线用细实线绘制,图框线与纸边界线之间的区域称为周边。各周边的具体尺寸与图纸幅面大小有关,见附表 1-2。

附表 1-2　　　　　　　　　　　　　　　周边的尺寸　　　　　　　　　　　　　　　mm

幅面代号	A0	A1	A2	A3	A4
$B \times L$	841×1189	594×841	420×594	297×420	210×297
e	20			10	
c	10			5	
a	25				

二、标题栏的格式及尺寸(参考 GB/T 10609.1—2008)

标题栏的格式及尺寸参考附图 1-5。

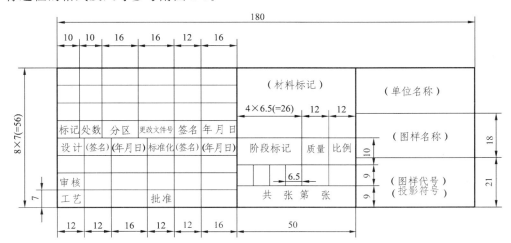

附图 1-5

三、明细栏的格式及尺寸（参考 GB/T 10609.2—2008）

明细栏的格式及尺寸参考附图 1-6。

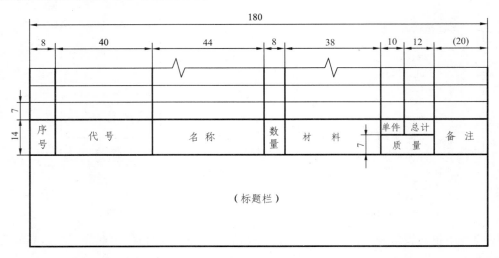

附图 1-6

四、字体（参考 GB/T 14691—1993）

字体的高度（h）代表字体的号数，如 7 号字的高度为 7 mm。字体高度的公称尺寸系列为：1.8 mm，2.5 mm，3.5 mm，5 mm，7 mm，10 mm，14 mm，20 mm 八种。若需书写更大的字，则字体高度应按 $\sqrt{2}$ 的比率递增。汉字的最小高度不应小于 3.5 mm。汉字应写成长仿宋体（直体），其字宽约为字高的 0.7 倍。

字母和数字按笔画宽度情况分为 A 型和 B 型，A 型字体的笔画宽度（d）为字高（h）的 $\frac{1}{14}$，B 型字体的笔画宽度为字高的 $\frac{1}{10}$。在同一张图上只允许选用同一种形式的字体。字母和数字可写成斜体或直体，斜体的字头向右倾斜，与水平基准线成 75°角。用做指数、分数、极限偏差、注脚等的数字及字母，一般应采用小一号的字体书写。

五、图线（参考 GB/T 17450—1998 和 GB/T 4457.4—2002）

基本线型共有 15 种，绘制机械图样只用到其中的一小部分。各种图线的名称、形式、图线宽度及其应用举例见附表 1-3。所有线型的图线宽度应在下列数系中选择：0.13 mm，0.18 mm，0.25 mm，0.35 mm，0.5 mm，0.7 mm，1 mm，1.4 mm，2 mm。该数系的公比为 $1：\sqrt{2}（\approx 1：1.4）$。GB/T 4457.4—2002 中规定，在机械图样中采用粗、细两种线宽，它们之间的比例为 2：1。

附表 1-3　　　　　　　　　图线的名称、形式、图线宽度及其应用举例

图线名称	图线形式	图线宽度	图线应用举例
粗实线	——————	$d=0.5\sim2$(mm)	可见棱边线;可见轮廓线;相贯线;螺纹牙顶线;螺纹长度终止线;齿顶圆(线);表格图、流程图中的主要表示线;系统结构线(金属结构工程)模样分型线;剖切符号用线
细实线	——————	$d/2$	过渡线;尺寸线;尺寸界线;指引线和基准线;剖面线;重合断面的轮廓线;短中心线;螺纹牙底线;尺寸线的起止线;表示平面的对角线;零件成形前的折弯线;范围线及分界线;重复要素表示线,如:齿轮的齿根线;锥形结构的基面位置线;叠片结构位置线,如:变压器叠钢片;辅助线;不连续同一表面连线;成规律分布的相同要素连线;投影线;网格线
波浪线	～～～	$d/2$	断裂处边界线;视图与剖视图的分界线
双折线	—∿—∿—	$d/2$	断裂处边界线;视图与剖视图的分界线
细虚线	– – – –	$d/2$	不可见棱边线;不可见轮廓线
粗虚线	▬ ▬ ▬	d	允许表面处理的表示线
细点画线	— · — · —	$d/2$	轴线;对称中心线;分度圆(线);孔系分布的中心线;剖切线
粗点画线	▬ · ▬ · ▬	d	限定范围表示线
细双点画线	— ·· — ·· —	$d/2$	相邻辅助零件的轮廓线;可动零件的极限位置的轮廓线;成形前轮廓线;剖切面前的结构轮廓线;轨迹线;毛坯图中制成品的轮廓线;特定区域线;工艺用结构的轮廓线;中断线

六、表面结构符号(参考 GB/T 131－2006)

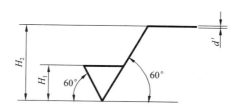

附图 1-7

附图 1-7 中表面结构符号的尺寸 d'、H_1、H_2 等与图样上的轮廓线宽度和数字高度等相互关联,见附表 1-4。

附表 1-4　　　　　　　　　表面结构符号的尺寸　　　　　　　　　mm

数字和字母高度 h	2.5	3.5	5	7	10	14	20
符号宽度 d'	0.25	0.35	0.5	0.7	1	1.4	2
字母线宽 d							
高度 H_1	3.5	5	7	10	14	20	28
宽度 H_2(最小值)	7.5	10.5	15	21	30	42	60

注:H_2 取决于标注内容;字母线宽是指标注的表面结构参数的线宽。

七、斜度符号、锥度符号的画法（附图 1-8）

附图 1-8

八、装配图中零、部件序号及其编排方法（参考 GB/T 4458.2—2003）

（一）在水平的基准（细实线）上或圆（细实线）内注写序号，序号字号比该装配图中所注尺寸数字的字号大一号，如附图 1-9(a)所示。

（二）在水平的基准（细实线）上或圆（细实线）内注写序号，序号字号比该装配图中所注尺寸数字的字号大一号或两号，如附图 1-9(b)所示。

（三）在指引线的非零件端的附近注写序号，序号字高比该装配图中所注尺寸数字的字号大一号或两号，如附图 1-9(c)所示。

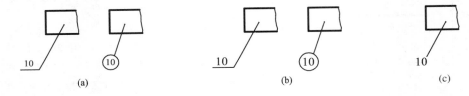

附图 1-9

一组紧固件以及装配关系清楚的零件组，可以采用公共指引线，序号标注的形式如附图 1-10 所示。

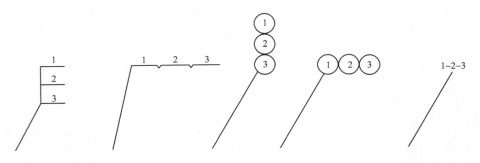

附图 1-10

同一装配图中编排序号的形式应一致。

装配图中序号应按水平或竖直方向排列整齐，可按顺时针（或逆时针）方向顺次排列，在整张图上无法连续时，可只在每个水平方向或竖直方向顺次排列。

附录 2　　**AutoCAD 测试试卷 A**

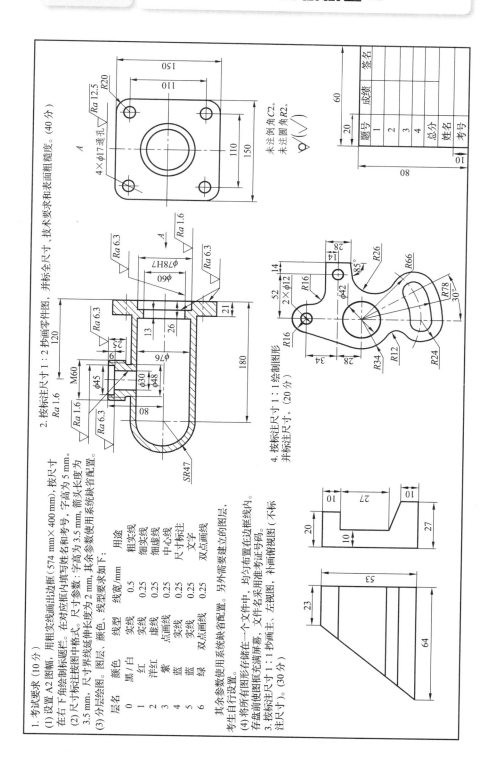

1. 考试要求（10 分）

(1) 设置 A2 图幅，用粗实线画出边框（574 mm×400 mm），按尺寸在右下角绘制标题栏。在对应框内填写姓名和考号，字高为 5 mm。

(2) 尺寸标注按推荐格式。尺寸参数：字高为 3.5 mm，其余参数使用系统缺省配置。3.5 mm，尺寸界线延伸长度为 2 mm，箭头长度为

(3) 分层绘图。图层、颜色、线型要求如下：

层名	颜色	线型	线宽/mm	用途
0	黑 / 白	实线	0.5	粗实线
1	红	实线	0.25	细实线
2	洋红	虚线	0.25	细虚线
3	紫	点画线	0.25	中心线
4	蓝	实线	0.25	尺寸标注
5	蓝	实线	0.25	文字
6	绿	双点画线	0.25	双点画线

其余参数使用系统缺省配置。另外需要建立的图层，考生自行设置。

(4) 将所有图形存储在一个文件中，均匀布置在边框线内，存盘前使图形框充满屏幕，文件名采用准考证号码。

2. 按标注尺寸 1∶2 抄画零件图，并标全尺寸、技术要求和表面粗糙度。（40 分）

3. 按标注尺寸 1∶1 抄画图形（不标注尺寸）角 C2。（30 分）

4. 按标注尺寸 1∶1 绘制图形，并标注尺寸。（20 分）

附录 3　　AutoCAD 测试试卷 B

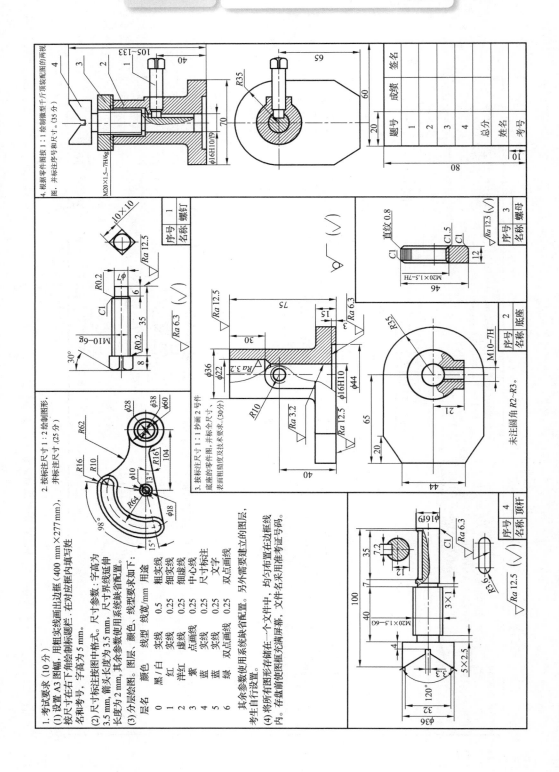

附录 4 AutoCAD 测试试卷 C

试题要求:

1.考试方式:计算机操作,闭卷;

2.考试时间为 180 分钟;

3.打开绘图软件后,考生在指定的硬盘驱动器下建立一个新的图形文件,并以考生的考号和姓名结合为文件命名(例如:08001 刘育平.dwg)。

一、绘制图幅(10 分)

要求:

①按 1:1 比例绘制 A2 图纸边框(细实线,幅面 594 mm×420 mm),在 A2 图纸幅面内用细实线画出 4 个 A4 幅面(297 mm×210 mm),左边两个分别绘制二、三题(不画图框线),右边两个分别绘制四、五题(四题要求画出图框线(粗实线,幅面 287 mm×200 mm)和简化标题栏,五题要求画出图框线(粗实线,幅面 287 mm×200 mm)和明细栏);

②按以下规定设置图层及线型,并设定线宽;

图层名称	颜色(颜色号)	线型	线宽/mm
01	白(7)	粗实线 Continuous	0.5
02	绿(3)	细实线 Continuous	0.25
03	黄(2)	虚线 Dashed	0.25
04	红(1)	点画线 Center	0.25

③按国家标准的有关规定设置文字样式,然后在四、五两题上画出并填写给出的简化标题栏和明细栏(不标注尺寸)(附图 4-1)。

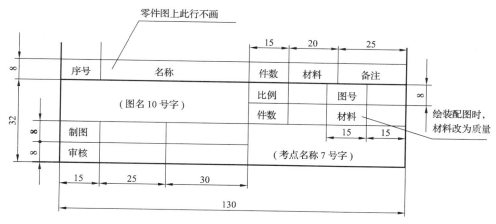

附图 4-1

注:其余为 5 号字。

二、按 1∶1 比例画出附图 4-2,不标注尺寸。(10 分)

三、如附图 4-3 所示,根据已知立体的两个视图,按 1∶1 比例画出立体的三视图,并在主、左视图上选取适当剖视,不标注尺寸。(20 分)

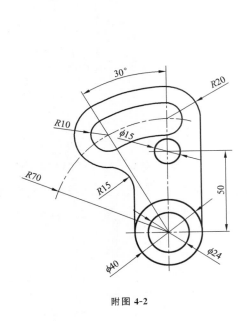

附图 4-2

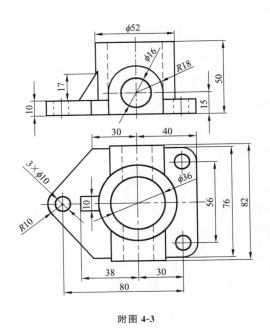

附图 4-3

四、画如附图 4-4 所示零件图。(30 分)

具体要求:

1.按 1∶1 比例抄画阀体零件图,标注尺寸和技术要求;

2.图纸幅面为 A4,图框和标题栏尺寸按前面要求画出;

3.不同的图线放在不同的图层上,尺寸标注要放在单独的图层上。

注:G1/2:大径 $D=\phi20.995$

小径 $D_1=\phi18.631$

五、画装配图(30 分)

具体要求:

1.根据旋阀装配示意图(附图 4-5)和零件图(附图 4-6),拼画旋阀装配图的主视图(采用恰当方法,按 1∶1 比例,清晰地表达旋阀的工作原理、装配关系,并标注必要的尺寸);

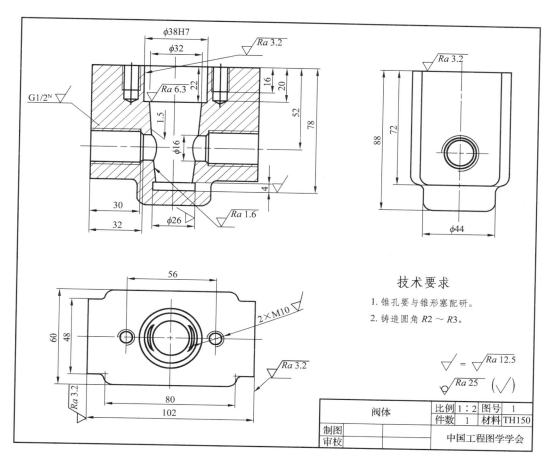

技术要求
1. 锥孔要与锥形塞配研。
2. 铸造圆角 $R2 \sim R3$。

$\sqrt{} = \sqrt{Ra\,12.5}$

$\sqrt{Ra\,25}$ $(\sqrt{})$

阀体	比例 1:2	图号	1
	件数 1	材料	TH150
制图			
审校		中国工程图学学会	

附图 4-4

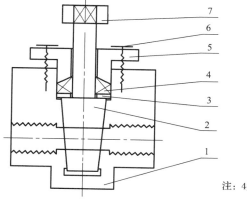

注：4为填料（石棉绳），无零件图。

附图 4-5

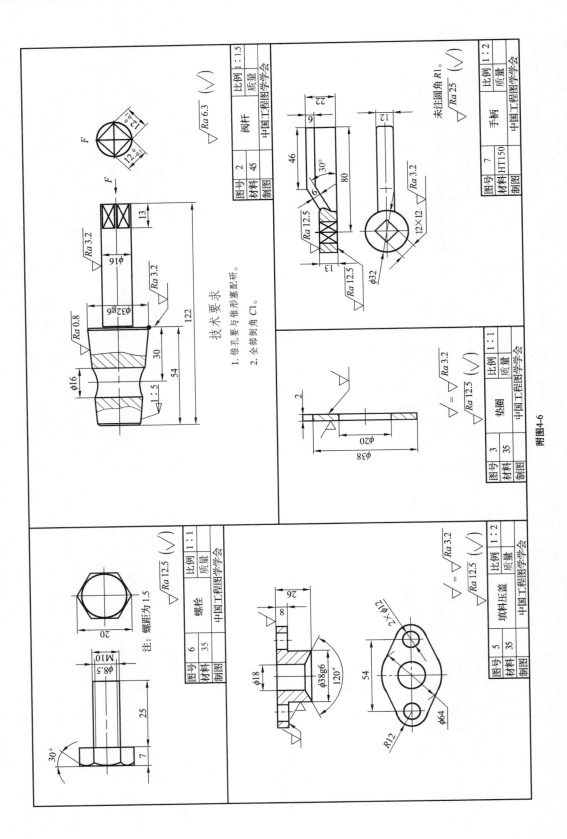

技术要求

1. 锥孔要与锥形塞配研。
2. 全部倒角 C1。

$\sqrt{Ra\,6.3}$ （√）

图号	2	阀杆	比例	1:1.5
材料	45		质量	
制图		中国工程图学会		

未注圆角 R1。
$\sqrt{Ra\,25}$ （√）

图号	7	手柄	比例	1:2
材料	HT150		质量	
制图		中国工程图学会		

$\sqrt{} = \sqrt{Ra\,3.2}$
$\sqrt{Ra\,12.5}$ （√）

图号	3	垫圈	比例	1:1
材料	35		质量	
制图		中国工程图学会		

注：螺距为 1.5

$\sqrt{Ra\,12.5}$ （√）

图号	6	螺栓	比例	1:1
材料	35		质量	
制图		中国工程图学会		

$\sqrt{} = \sqrt{Ra\,3.2}$
$\sqrt{Ra\,12.5}$ （√）

图号	5	填料压盖	比例	1:2
材料	35		质量	
制图		中国工程图学会		

附图4-6

2.图中的明细栏内容,可参考旋阀零件明细栏(附图 4-7),按要求画出。

旋阀零件明细栏

序号	名称	件数	材料	备注
1	阀体	1	HT150	
2	阀杆	1	45	
3	垫圈	1	35	
4	填料	1	石棉绳	
5	填料压盖	1	35	
6	螺栓 M10×25	2	35	
7	手柄	1	HT150	

附图 4-7

附录 5   AutoCAD 测试试卷 D

该试卷只用于测试考试环境,非预赛模拟题,仅供参考。

一、单选题(15 题,每题 1 分,共 15 分)

1.以"acad.dwt"样板创建的草图文件,其绘图单位及单位精度分别是(   )。

A. m 和 0.0   B. cm 和 0.00   C.英寸和 0.0000   D. mm 和 0.0000

【知识点:单位及精度】

2.将光标移至"绘图"工具栏中的 ⌒ 按钮上,然后单击鼠标右键,可以(   )。

A.弹出"画弧"子菜单   B.弹出临时捕捉菜单

C.激活[圆弧]命令   D.弹出隐含工具栏菜单

【知识点:界面基本操作】

3.AutoCAD 图形样板文件扩展名和标准文件扩展名分别为(   )。

A. ＊.dwg、＊.dwt   B. ＊.dwg、＊.dxf

C. ＊.dwt、＊.dws   D. ＊.dxf、＊.dwt

【知识点:文件格式】

4.在如附图 5-1 所示的坐标系中,c 点的绝对坐标以及以 b 点作为参照点的 a 点的相对坐标分别为(   )。

A.(4,−1)、(@2＜90)   B.(−1,−4)、(@−2＜90)

C.(4,−1)、(@−2,2)   D.(−1,4)、(@−2,−2)

【知识点:坐标输入】

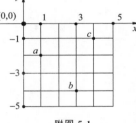

附图 5-1

5.在默认设置下,向前滚动鼠标中键和向后滚动鼠标中键,可以对应将图形(   )。

A.放大显示、缩小显示   B.平移显示、放大显示

C.缩小显示、放大显示   D.缩小显示、平移显示

【知识点:鼠标操作键】

6.如果在某圆弧延长线上定位点和在圆弧圆心水平向右方向上定位点,需要分别使用(   )。

A.最近点捕捉、极轴追踪   B.对象捕捉追踪、捕捉自

C.延伸捕捉、临时追踪点   D.临时追踪点、对象捕捉追踪

【知识点:捕捉与追踪】

7.在使用绝对坐标输入法画图时,需要关闭(   )功能。

A. GRID   B. DUCS   C. DYN   D. SNAP

【知识点:绝对坐标】

8.以"无样板打开—公制"方式新建草图文件后,文件内的默认视图为(   )。

A.主视图   B.俯视图   C.左视图   D.西南视图

【知识点:草图文件】

9. 下列选项中不属于默认的正交视图的是(　　　)。

A. 　　　　B. 　　　　C. 　　　　D.

【知识点:正交视图】

10. 在三点定义 UCS 时,其中第一点表示(　　　)。

A. 坐标系原点　　　B. X 轴正方向　　　C. Y 轴正方向　　　D. Z 轴正方向

【知识点:UCS】

11. 下列选项中不属于尺寸公差格式的是(　　　)。

A. 极限尺寸　　　B. 极限偏差　　　C. 几何尺寸　　　D. 基本尺寸

【知识点:公差】

12. 如附图 5-2 所示的圆角矩形,矩形的垂直中线和水平中线的长度分别是(　　　)。

A. 55 和 105

B. 85 和 35

C. 95 和 45

D. 105 和 55

【知识点:矩形】

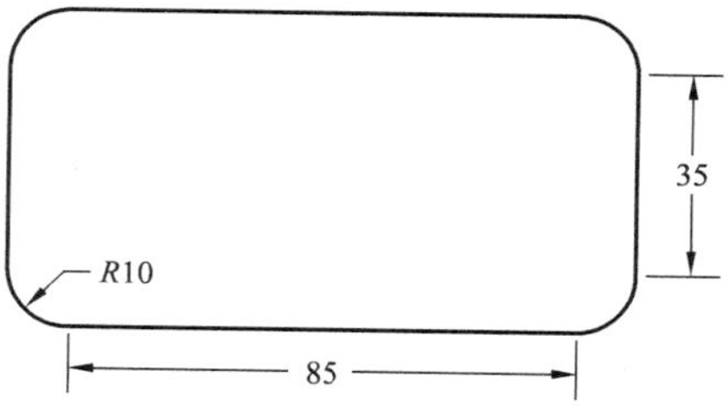

附图 5-2

13. 在正等测轴测绘图环境下,按下(　　　)功能键可以切换等轴测平面。

A. F2　　　　B. F3　　　　C. F5　　　　D. F12

【知识点:正等轴测图】

14. 在下列图线中包含的夹点数目最少的是(　　　)。

A. 一条直线　　　B. 一条圆弧　　　C. 一段多段线　　　D. 一段椭圆弧

【知识点:图形夹点】

15. 当非 0 图层上的图形被插入到其他文件中时,图形的颜色、线型等特性将会继承(　　　)上的特性。

A. 0 图层　　　B. 原图层　　　C. 当前图层　　　D. 被插入的图层

【知识点:图层与特性】

二、多选题(5 题,每题 3 分,共 15 分)

1. 下列选项中,可以被填充图案和渐变色的对象有(　　　)。

A. 面域　　　B. 平面曲面　　　C. 三维实体面　　　D. 三维网格面

【知识点:图案填充】

2. 将某些图形添加到当前选择集中的方法有(　　　)。

A. 直接单击图形　　　　　　　　B. 按住 Shift 键单击图形

C. 按住 Ctrl 键单击图形　　　　　D. 使用窗交选择方式选择图形

【知识点:图形选择】

3. ED 命令可以用来修改的文字对象有(　　　)。

A. 属性文字　　　B. 标注文字　　　C. 表格文字　　　D. 参照文字

【知识点:编辑文字】

4. 下列叙述正确的有(　　　)。

A. [拉伸面]命令仅能对实体的单个表面进行拉伸

B.[拉伸面]命令能对实体的多个表面同时进行拉伸

C.[复制面]命令能对实体的多个表面同时进行复制

D.[偏移面]命令仅能对实体的单个表面进行偏移

【知识点:实体编辑】

5.使用[对齐]命令标注的尺寸,内容包括(　　)。

A.尺寸界线　　　　B.尺寸文字　　　　　C.尺寸单位　　　　　　D.尺寸箭头

【知识点:尺寸标注】

附录6　AutoCAD 测试试卷 E

注意：

在指定的路径下创建以姓名和准考证号命名的文件夹，并将试题答案存放在以题号命名的子文件夹中。凡未按照要求将试题存放在相应文件夹中的考生成绩一律作废。

一、绘制附图 6-1 所示的零件二视图，并制作出零件的三维实体消隐图。（65 分）

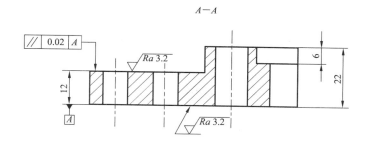

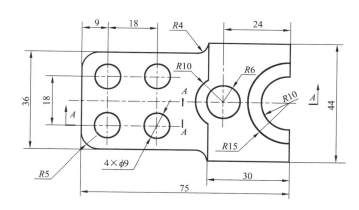

附图 6-1

要求：

1. 设置出相关图层及图层特性。

2. 对二视图进行简单的尺寸标注和符号标注，数字与字母的字体统一为"gbeitc. shx"。

3. 零件二视图与三维实体图必须处于同一文件、同一正交视图内。

4. 使用两种显示方式，对三维实体模型进行视图消隐。

二、根据附图 6-2 所示的零件三视图，绘制附图 6-3 所示的零件正等轴测图和轴测剖视图。（35 分）

要求

1. 零件三视图不需要绘制，仅绘制零件正等轴测图与轴测剖视图。

2. 设置出正等轴测图绘图环境。

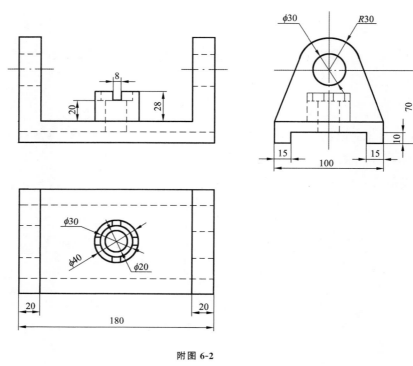

附图 6-2

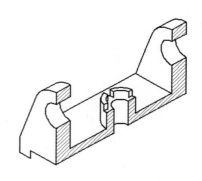

附图 6-3

3. 根据三视图中的尺寸,精确绘制正等轴测图与轴测剖图。

4. 是否创建图层,考生可自行决定。

附加题:综合相关知识,绘制如附图 6-4 所示的蜗轮轴零件视图。(50 分)

1. 设置相关图层以及图层特性,图中的文字、尺寸、符号、视图轮廓线、剖面线、中心线等,要放在单独的图层内。

2. 设置相关的尺寸样式、文字样式等,并对各视图精确标注尺寸、公差和技术要求。数字与汉字的字体统一为"gbeitc.shx,gbcbig.shx"和"gbenor.shx,gbcbig.shx"。

3. 在标注零件图表面粗糙度时,需要以属性块的形式进行标注。

4. 配置 A3 图框,所需图框文件为"素材"文件夹下的"A3-H.dwg"。

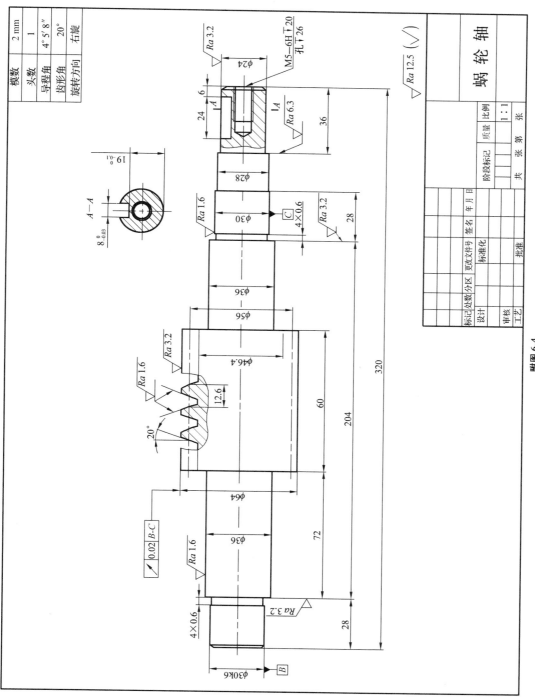

附图 6-4

模数	2 mm
头数	1
导程角	4°5′8″
齿形角	20°
旋转方向	右旋

$\sqrt{Ra\,12.5}\ (\sqrt{\ })$

蜗 轮 轴

比例 1:1

附录 7　机械制图测试试卷 A

注意事项

1. 在试卷的标封处填写您的姓名、考号、所在地区及考试等级。

2. 请仔细阅读各种题目的回答要求,作图题一律用铅笔完成。

3. 请保持卷面整洁、线型分明,不要在标封区填写无关内容。

题号	一	二	三	四	五	六	七	八	总 分	总分人
分数										

得 分	评分人

一、单项选择题(在每小题四个备选答案中选出一个正确答案,并将正确答案的字母填入下面的表格中)。(共 10 分,每小题 1 分)

题 号	1	2	3	4	5	6	7	8	9	10
答案										

1. 机械图样中书写汉字的字体,宜写成长仿宋体。汉字的字高不应小于(　　)mm。

A. 1.8　　　　B. 2.5　　　　C. 3.5　　　　D. 5

2. 在绘制图样时,其假想的结构,应采用机械制图国家标准规定的(　　)绘制。

A. 虚线　　　B. 细点画线　　　C. 双点画线　　　D. 波浪线

3. 装配示意图是用规定的(　　)和简化画法的示意图样表示出装配体的大致形状、零件的位置以及连接关系。

A. 图线　　　B. 图形符号　　　C. 字体　　　D 零件编号

4. 以下选项中,(　　)不属于常见铸造零件的工艺结构。

A. 铸造圆角　　　B. 拔模斜度　　　C. 退刀槽　　　D. 壁厚均匀

5. 在斜二轴测图中,取一个轴的轴向变形系数为 0.5 时,另两个轴的轴向变形系数均为(　　)。

A. 0.5　　　　B. 1　　　　C. 1.22　　　　D. 0.6

6. 画正等轴测剖视图时规定,$Y_1O_1Z_1$ 和 $X_1O_1Z_1$ 轴测坐标面上的剖面线方向与水平面成(　　)夹角。

A. 45°　　　B. 60°　　　C. 30°　　　D. 50°

7. 以下选项中,(　　)不属于绘制正等轴测图的方法。

A. 形体分析法　　　B. 基面法　　　C. 叠加法　　　D. 切割法

8. 用于复制图样或描绘底图的原图有三种,设计中的铅笔图、计算机绘制的设计原图和(　　)。

A. 效果图　　　B. 草图　　　C. 轴测图　　　D. 硬板原图

9.对于硬化底图的处理方法是,可用排笔在铺平的底图上均匀地涂上一层(　　　)。

A.煤油　　　　　　B.柴油　　　　　　C.汽油　　　　　　D.化学纯甘油

10.对成套图纸进行管理的前提是,事先必须正确地绘制出某产品的全部图纸,而其中必须有反映产品装配关系的(　　　)。

A.断面图　　　　　B.剖视图　　　　　C.装配图　　　　　D.零件图

得 分	评分人

二、在附图 7-1 中标注尺寸(按 1∶1 从图中量取尺寸数值),按表中给出的 Ra 数值,在图中标注表面粗糙度。(15 分)

表面	A	B	C	D	其余
Ra	6.3	12.5	3.2	6.3	25

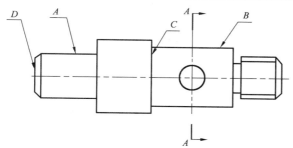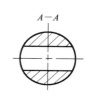

附图 7-1

得 分	评分人

三、将附图 7-2 的左视图画成 A—A 半剖视图。(15 分)

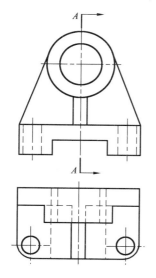

附图 7-2

得 分	评分人

四、如附图 7-3 所示,画出 A—A 剖视图(位置自定、尺寸按图中量取)。(10 分)

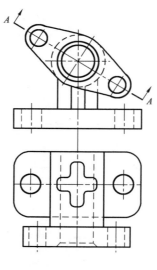

附图 7-3

得 分	评分人

五、如附图 7-4 所示,画出左视图。(不可见线用虚线表示)(10 分)

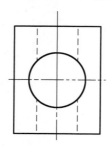

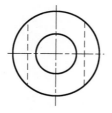

附图 7-4

得　分	评分人

六、根据附图 7-5 所示的视图,画出正等轴测图。(10 分)

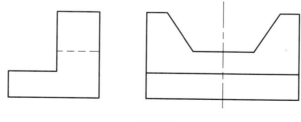

附图 7-5

得　分	评分人

七、如附图 7-6 所示,按简化画法,完成螺钉连接的两个视图。(10 分)
主视图画成全剖视图,左视图为外形。

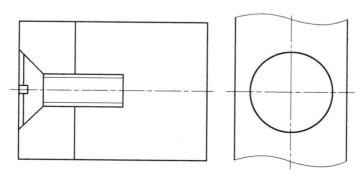

附图 7-6

得　分	评分人

八、读"泵体"零件图(附图 7-7)。(20 分)

1. 画出 $C—C$ 剖视图的外形图。(尺寸按图形实际大小量取,不画虚线,位置自定)(14 分)

2. 标出该零件长、宽、高三个方向的主要尺寸基准。(用箭头指明引出标注)(6 分)

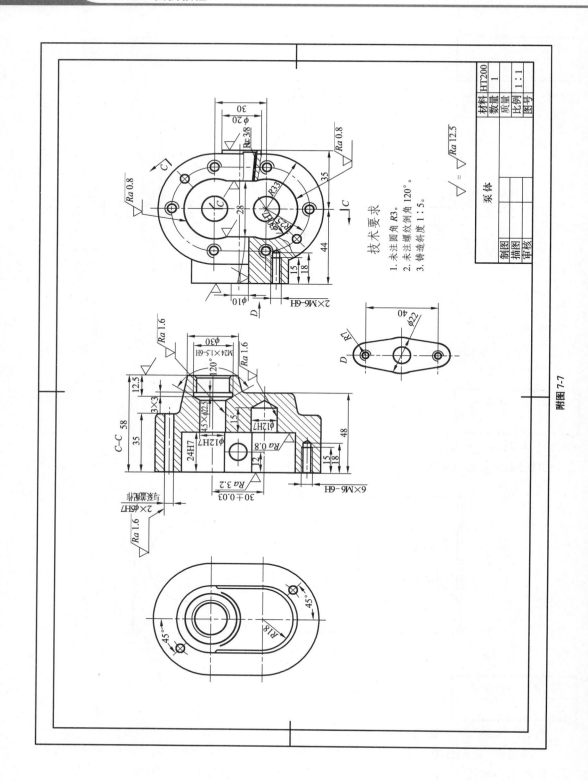

附图 7-7

附录8　机械制图测试试卷 B

注意事项

1. 在试卷的标封处填写您的姓名、考号、所在地区及考试等级。

2. 请仔细阅读各种题目的回答要求,作图题一律用铅笔完成。

3. 请保持卷面整洁、线型分明,不要在标封区填写无关内容。

题 号	一	二	三	四	五	六	总 分	总分人
分 数								

得 分	评分人

一、单项选择题(在每小题四个备选答案中选出一个正确答案,并将正确答案的字母填入下面的表格中)。(共 10 分,每小题 1 分)

题 号	1	2	3	4	5	6	7	8	9	10
答 案										

1. 机械制图国家标准规定,字母和数字分为(　　　)两种形式,在同一图样中只允许选用一种形式的字体。

　　A. A 型和 C 型　　　　B. B 型和 C 型　　　　C. A 型和 B 型　　　　D. C 型和 D 型

2. 在图样中标注分区代号时,字母的书写顺序是(　　　)。

　　A. 从下到上　　　　B. 从左到右　　　　C. 从右到左　　　　D. 从上到下

3. 一对标准直齿圆柱齿轮的中心距 $a=$(　　　)。

　　A. $m(Z_1-Z_2)$　　　　B. $\frac{1}{2}(Z_1+Z_2)$　　　　C. $\frac{1}{2}m(Z_1+Z_2)$　　　　D. $m(Z_1+Z_2)$

4. 在剖视图中,当剖切平面通过齿轮轴线时,轮齿一律按不剖处理,即齿根线画成(　　　)。

　　A. 点画线　　　　B. 虚线　　　　C. 细实线　　　　D. 粗实线

5. 装配图的规定画法中规定,互相接触的两相邻表面(　　　)。

　　A. 只画一条涂黑线　　　　　　　　　B. 只画一条粗实线

　　C. 必须画两条粗实线　　　　　　　　D. 可画两条细实线

6. 轴测装配图有分解式、分解式和整体式相结合和(　　　)画法。

　　A. 整体式　　　　B. 单个　　　　C. 装配　　　　D. 正等测

7. 以下选项中,(　　　)属于装配图的特殊表达方法。

　　A. 拆卸画法　　　　B. 剖视画法　　　　C. 断面画法　　　　D. 轴测画法

8. 徒手绘图中的草图就是指以(　　　)估计图形与实物的比例。

　　A. 类比　　　　B. 测量　　　　C. 查表　　　　D. 目测

9. 机械工程图中规定,成套图纸必须进行系统的(　　　),以便有序存档和及时、便捷、准确地查阅利用。

　　A. 分类编号　　　　B. 零件编号　　　　C. 装配图编号　　　　D. 编写图号

10.图档管理中,图样和文件的编号一般有分类编号和(　　)两大类。

A.图样编号　　　　　　　　B.隶属编号　　　　　　　　C.文件编号　　　　　　　　D.零件编号

得　分	评分人

二、如附图 8-1 所示,将左视图画成 A—A 半剖视图。(14 分)

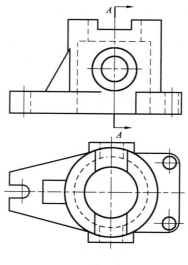

附图 8-1

得　分	评分人

三、如附图 8-2 所示,补画左视图。(12 分)

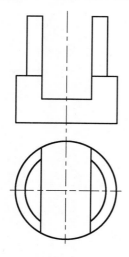

附图 8-2

得 分	评分人

四、如附图 8-3 所示,补画主视图。(12 分)

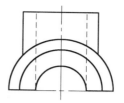

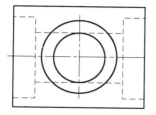

附图 8-3

得 分	评分人

五、根据组合体的主、俯两个视图,画出其正等轴测图(附图 8-4)。(12 分)

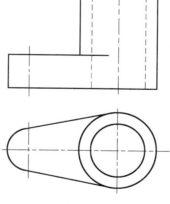

附图 8-4

得 分	评分人

六、读"仪表车床尾架"装配图(附图 8-5)。(40 分)

1.填空。(每空 1 分,共 10 分)

(1)主视图中 $\phi62H6/h6$ 属于＿＿＿＿尺寸,左视图中 154 属于＿＿＿＿尺寸,254 属于＿＿＿＿尺寸。

(2)主视图采用了＿＿＿＿剖切的画法。

(3)在配合尺寸 $\phi24H7/s6$ 中,其中 24 是＿＿＿＿尺寸,H 表示＿＿＿＿,s 表示＿＿＿＿,7 表示＿＿＿＿,该配合尺寸属于＿＿＿＿制的＿＿＿＿配合。

2.画出件 2(轴套)的零件图。按图形量取尺寸 2∶1 画图,并注出带有公差配合的尺寸。(30 分)

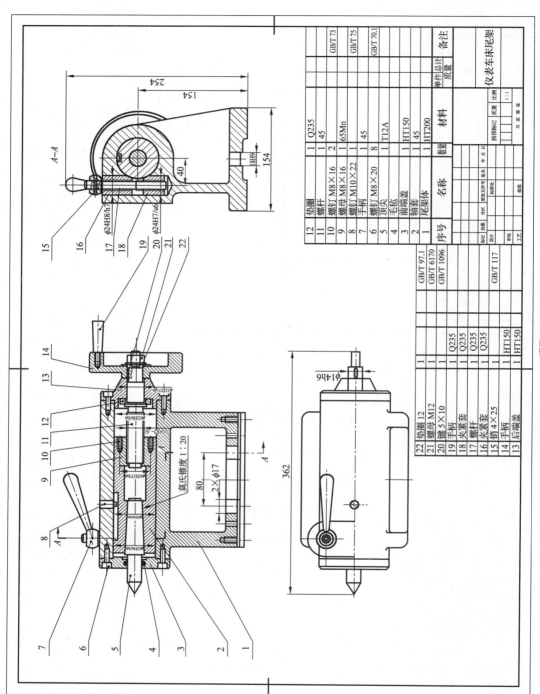

附图8-5

序号	名称	数量	材料	备注
12	垫圈	1	Q235	
11	螺杆	1	45	
10	螺钉 M8×16	2		GB/T 73
9	螺母 M8×16	1	65Mn	
8	螺钉 M10×22	1		GB/T 75
7	手柄	1	45	
6	螺钉 M8×20	8		GB/T 70.1
5	顶尖	1	T12A	
4	毛毡	1		
3	前端盖	1	HT150	
2	轴套	1	45	
1	尾架体	1	HT200	

仪表车床尾架

单件				
总计			质量	

比例 1:1

共 张 第 张

序号	名称	数量	材料	备注
22	垫圈 12	1		GB/T 97.1
21	螺母 M12	1		GB/T 6170
20	键 5×10	1	Q235	GB/T 1096
19	手柄	1	Q235	
18	夹紧套	1	Q235	
17	螺杆	1	Q235	
16	夹紧套	1		
15	销 4×25	1		GB/T 117
14	手柄	1	HT150	
13	后端盖	1	HT150	